Discovery EDUCATION

맛있는 과학

디스커버리 에듀케이션

맛있는 과학-16 식물1

1판 1쇄 발행 | 2012. 1. 27.
1판 4쇄 발행 | 2018. 3. 11.

발행처 김영사
발행인 고세규
등록번호 제 406-2003-036호
등록일자 1979. 5. 17.
주 소 경기도 파주시 문발로 197(우10881)
전 화 마케팅부 031-955-3102 편집부 031-955-3113~20
팩 스 031-955-3111

값은 표지에 있습니다.
ISBN 978-89-349-5450-7 64400
ISBN 978-89-349-5254-1 (세트)

좋은 독자가 좋은 책을 만듭니다. 김영사는 독자 여러분의 의견에 항상 귀 기울이고 있습니다.
독자의견전화 031-955-3139 | 전자우편 book@gimmyoung.com | 홈페이지 www.gimmyoungjr.com
어린이들의 책놀이터 cafe.naver.com/gimmyoungjr | 드림365 cafe.naver.com/dreem365

어린이제품 안전특별법에 의한 표시사항

제품명 도서 **제조년월일** 2017년 9월 22일 **제조사명** 김영사 **주소** 10881 경기도 파주시 문발로 197
전화번호 031-955-3100 **제조국명** 대한민국 ⚠**주의** 책 모서리에 찍히거나 책장에 베이지 않게 조심하세요.

최고의 어린이 과학 콘텐츠
디스커버리 에듀케이션 정식 계약판!

Discovery EDUCATION

맛있는 과학

16 | 식물 1

민주영 글 | 진주 그림 | 류지윤 외 감수

주니어김영사

차례

1. 식물이란?

2. 식물이 사는 곳

3. 식물의 사계절

4. 식물의 일생

5. 식물의 이용

관련 교과

초등 4학년 2학기 1. 식물의 세계
초등 5학년 1학기 3. 식물의 구조와 기능
초등 5학년 2학기 3. 열매, 8. 에너지
중학교 1학년 4. 생물의 구성과 다양성, 6. 식물의 영양

1. 식물이란?

식물은 우리 생활에서 없어서는 안 되는 중요한 생명체입니다. 우리는 식물에게 해 주는 것이 별로 없지만, 식물은 우리가 살아가면서 필요한 의식주를 모두 해결해 주지요. 곡식과 과일, 채소를 먹게 해 주고, 목화나 마와 같은 옷감을 만들어 주며, 좋은 목재로 집을 짓게 해 줍니다. 그리고 계절마다 즐거움을 주기도 하지요.

식물의 정의

식물과 동물의 가장 큰 차이점은 무엇일까요? 식물은 움직일 수 없고, 동물은 움직일 수 있다는 점이 가장 큰 차이점이라고 생각하기 쉬워요. 하지만 모든 동물이 움직일 수 있고 모든 식물이 움직이지 못하는 것은 아닙니다. 물속에 사는 아주 열등한 동물 중에는 움직일 수 없어서 물에 둥둥 떠다니는 동물도 있습니다. 또 반대로 파리지옥처럼 자기 몸을 움직여 곤충을 잡아먹는 식물도 있지요.

파리지옥은 몸을 움직여 곤충을 잡아먹는다.

식물과 동물의 가장 큰 차이점은 양분을 섭취하는 방법입니다. 동물은 무엇인가를 꼭 먹어야 살 수 있지만 식물은 스스로 영양분을 합성해 살 수 있지요. 식물이 스스로 양분을 합성하는 작용을 '광합성'이라고 합니다. 광합성을 하는 식물은 '독립영양생물'이라고 부르지요.

식물은 꽃과 풀, 나무, 곡식 등 많은 종류가 있습니다. 대부분 뿌리, 줄기, 잎, 꽃, 열매로 구성되어 있어요.

뿌리

뿌리는 식물체를 지탱하고 토양으로부터 물과 양분을 흡수하는 역할을 합니다. 또 광합성을 통해 만든 양분을 저장하기도 해요. 우리가 음식으로 먹는 고구마, 무, 당근이 바로 양분이 저장된 뿌리입니다.

줄기

줄기는 광합성을 통해 만든 양분과 뿌리에서 흡수한 양분을 옮기는 역할을 합니다. 식물체를 지탱하는 역할도 하지만 양분을 옮기는 일이 주로 맡은 임무이지요. 줄기는 긴 관으로 이루어져 있습니다. 줄기 속에는 물과 무기 양분을 옮기는 '물관'과 광합성을 통해 만든 포도당이라는 유기 양분을 옮기는 '체관'이 있습니다. 이 두 관을 묶어 '관다발'이라고 합니다. 관다발을 통해 식물의 뿌리에서 잎 끝까지 물과 여러 양분이 움직이지요. 줄기는 지탱과 운반 기능 이외에 양분을 저장하는 역할도 합니다. 줄기에 양분을 저장하는 식물로는 감자, 양파, 연 등이 있습니다.

무기 양분

영양소에서 보통 무기질이라고 부르는 양분을 말합니다. 칼슘이나 철분 등이 여기에 속하지요.

유기 양분

탄수화물, 지방, 단백질처럼 탄소라는 원소를 가진 영양소를 말합니다.

잎

잎은 물과 이산화탄소를 원료로 빛에너지를 이용해 광합성 작용을 합니다. 광합성 작용으로 사람이 먹을 수 있는 녹말 또는 포도당과 사람의 호흡에 필요한 산소를 만들지요. 그래서 잎은 식물뿐만 아니라 사람이나 다른 동물에게도 매우 중요한 기관입니다. 또한 잎은 광합성뿐만 아니라 식물이 가지고 있는 수분의 양도 조절합니다. 식물 안에 수분이

광합성이 활발하게 이루어진 잎과 그렇지 않은 잎.

너무 많으면 잎의 기공이라는 구멍을 열어 물을 내보냅니다. 이러한 작용을 증산작용이라고 합니다.

꽃과 열매

식물에서 중요한 또 다른 부분은 꽃과 열매입니다. 식물은 꽃을 피우고, 꽃이 떨어지면 그 자리에 열매를 맺습니다. 열매 안에는 다시 새 생명을 만들 씨앗이 들어 있습니다. 꽃과 열매가 없다면 종족 번식을 할 수 없지요. 그래서 꽃과 열매는 무엇보다 중요한 기관이라고 할 수 있습니다. 하지만 일부 식물은 꽃을 피우지 않고 포자로 번식을 합니다.

TIP 요건 몰랐지?

고구마와 감자는 모두 뿌리일까요?

고구마와 감자는 모양이 비슷합니다. 그리고 둘 다 땅속에서 자란 후 우리 식탁에 올라오지요. 비슷한 생김새로 땅속에서 자라기 때문에 모두 뿌리에 양분을 저장한다고 생각하기 쉽습니다. 하지만 감자와 고구마는 각각 다른 기관에 양분을 저장합니다. 고구마는 뿌리에 양분을 저장하고 감자는 줄기에 양분을 저장하지요. 우리가 먹는 고구마는 뿌리이고, 감자는 줄기입니다.

식물의 줄기는 대부분 땅속이 아니라 땅 위에서 자라지만, 감자는 땅속에서 줄기가 자랍니다. 감자처럼 땅속에서 자라는 줄기를 '땅속줄기'라고 합니다. 감자 이외에 땅속줄기 형태로 자라는 식물로는 연꽃, 토란, 백합 등이 있습니다.

TIP 요건 몰랐지?

뿌리가 물을 흡수하는 원리

우리가 짠 음식을 많이 먹으면 물이 마시고 싶어지고, 물을 많이 마시면 화장실에 가고 싶어지는 것처럼 식물도 체내의 수분을 조절하는 능력이 있습니다. 식물의 뿌리가 수분을 조절하고 물을 흡수하지요. 뿌리는 삼투현상으로 물을 흡수합니다. 삼투현상이란 반투막을 사이에 둔 양쪽 용액이 농도 차이가 있을 때, 농도가 높은 쪽으로 액체가 옮겨 가는 현상을 말합니다. 생명체를 이루는 작은 단위인 세포에서 물질이 옮겨질 때도 삼투현상이 일어납니다.

식물의 몸은 영양분을 만들기 때문에 그냥 물보다는 농도가 높습니다. 그래서 식물에 물을 주면 농도가 높은 식물 쪽으로 물이 이동하게 됩니다. 만약 물을 줄 때 너무 많은 영양분과 함께 준다면 식물의 몸보다 바깥 농도가 더 높아져서 식물에서 밖으로 물이 빠져 나오게 됩니다. 그러면 식물은 물을 흡수하지 못해서 말라 죽게 되지요.

기운이 없어 보이네.
영양제를 더 주어야겠다.
제발, 그만! 화분 속
농도가 높아져서 물을
먹을 수 없단 말이야.

식물의 진화 과정

식물의 진화 과정을 설명하려면 지질시대로 거슬러 올라가야 됩니다. 지질시대란 지구가 생긴 이후부터 사람이 나타나기 전까지를 말합니다. 지구는 지금으로부터 약 45억 년 전에 만들어졌고, 인간은 약 1만 년 전에 나타났으니 그 사이에 많은 변화가 있었겠지요?

가장 원시적인 식물은 물속에서 시작되었습니다. 원시 지구에는 오존층이 없었기 때문에 뜨거운 자외선을 막아 주는 보호막이 없었습니다. 그래서 육지 위에서는 생물이 살아가기 어려웠지요. 선캄브리아시대가 지

나고 서서히 대기에 오존층이 생기면서 육지 위에 생물이 나타나기 시작했습니다.

선태식물

육지 위에 처음 나타난 식물은 선태식물입니다. 선태식물은 이끼류를 말합니다. 이끼류는 다른 식물과 다르게 줄기가 별로 발달되어 있지 않습니다. 육지 생활에 편리하게 완전히 진화되지 못했기 때문에 뿌리가 흡수한 물을 빨아올리는 줄기가 만들어지지 않았지요. 그래서 이끼류는 대부분 바닥에 붙어 사는 생활을 합니다. 물이 이동하는 기관이 발달하지 못한 탓에 살아가는 곳도 습한 숲이나 늪지대로 제한을 받습니다. 또 선태식물은 몸의 생김새나 생활 방식도 물속에서 생활하는 식물과 닮아 있습니다. 이런 모습을 통해 선태식물은 식물이 물속에서 육지로 올라가는 진화의 중간 단계라고 추측할 수 있습니다.

우산이끼는 습기가 있는 곳에 퍼져 있다.
ⓒ Frank Vincentz@the Wikimedia Commons

솔이끼는 선태식물 중에서 줄기가 발달된 편이다.
ⓒ Arnstein Rønning@the Wikimedia Commons

선태식물은 다른 식물과 마찬

가지로 엽록소를 가지고 있어서 광합성을 할 수 있지만 몸은 엽상체이고 뿌리는 헛뿌리로 되어 있습니다. 엽상체란 식물을 구성하는 몸체가 뿌리, 줄기, 잎의 구분이 없이 넓적한 잎 모양으로만 이루어진 기관을 말하고, 헛뿌리는 물을 잘 흡수하지 못하는 뿌리를 뜻합니다. 꽃을 피우는 종자식물은 뿌리에서 물을 흡수하지만, 헛뿌리는 대부분 물을 흡수하는 기능을 하지 못하고 식물을 땅에 고정하는 역할만 합니다.

엽상체로 이루어진 선태식물은 뿌리, 줄기, 잎이 구별되지 않습니다. 꽃도 피울 수 없지요. 그래서 선태식물은 꽃으로 생식하지 않고 포자로 번식합니다.

포자

양치식물, 선태식물, 조류, 균류가 만드는 생식세포입니다. 암수가 짝을 만나 생식하지 않고 홀로 자랄 수 있지요. 대부분 두꺼운 껍질에 싸여 있어서 환경 변화에 적응할 수 있습니다. 종자식물은 씨앗으로 번식하지만, 양치식물, 선태식물 등은 포자로

고사리 화석. 고사리 같은 양치식물 화석은 고생대 지층에서 많이 발견되고, 선태식물 화석은 고생대 이전의 지층에서 발견된다.

양치식물

선태식물이 육지 생활에 적응한 후 발달한 식물이 양치식물입니다. 양치식물도 선태식물처럼 꽃이 피지 않기 때문에 씨앗으로 번식하지 못하고 포자로 번식합니다. 모양도 선태식물과 크게 다르지 않아 잎이 넓적한 엽상체로 되어 있지요. 하지만 양치식물은 선태식물보다 더 발달했다고 할 수 있습니다. 바로 관다발이 있다는 점 때문이지요.

양치식물인 고사리는 관다발이 있기 때문에 이끼류보다 키가 큽니다. 관다발이 없는 선태식물은 수분과 양분을 흡수하기 위해 바닥에 붙어서 살아야 하지만, 고사리는 관다발이 땅속 물을 끌어 올리기 때문에 키가 커도 수분과 양분을 공급받을 수 있습니다. 양치식물은 덥고 습한 지역에서만 살아갈 수 있습니다. 이 점이 씨로 번식하는 종자식물과 다른 점입니다.

양치식물이 선태식물보다 더 발달하고 진화된 식물이라는 사실은 식물의 구조뿐만 아니라 화석을 통해서도 알 수 있습니다. 양치식물의 화석은 고생대 지층에서 많이 발견되지만, 선태식물의 화석은 그 이전의 지층에서 발견되기 때문입니다.

양치식물은 포자로 번식한다. ⓒ J Brew@the Wikimedia Commons

종자식물

양치식물보다 더 발달한 식물은 우리가 주변에서 흔히 볼 수 있는 종자식물입니다.

종자식물은 크게 겉씨식물과 속씨식물로 나뉩니다. 겉씨식물은 씨가 겉으로 들어나 있는 식물이고, 속씨식물은 씨가 속으로 들어가 있는 식물입니다. 밑씨가 씨방에 싸여 있는 속씨식물이 겉씨식물보다 더 발달한 식물입니다. 겉씨식물의 화석은 중생대 지층에서 공룡의 화석과 함께 발견되었지만, 속씨식물의 화석은 화폐석이나 매머드 같은 신생대 화석이 발견되는 지층에서 나타납니다. 장미, 백합, 해바라기 같은 식물과 나무 대부분이 속씨식물에 속하고 은행나무, 소나무, 잣나무 등이 겉씨식물에 속합니다.

은행나무는 씨가 겉으로 드러나 있는 겉씨식물이다. ⓒ 663highland@the Wikimedia Commons

식물의 구성 단계와 현미경

물질을 계속 쪼개면 무엇이 될까요? 돌멩이 하나를 쪼갠다고 생각해 보세요. 돌멩이를 쪼개고 쪼개면 마지막에는 고운 흙이 된다고 생각할 수 있지만 사실은 그렇지 않습니다. 흙 알갱이 하나를 계속 쪼개면 우리 눈에 보이지 않는 상태가 됩니다. 알갱이가 너무 작은 입자가 되어서 우리 눈에 보이지 않을 뿐이지요. 이렇게 물질을 더 이상 쪼갤 수 없는 상태까지 계속 쪼개어 남는 입자를 원자라고 합니다. 원자가 모여 분자를 이루고 분자가 하나의 단위로 물질을 구성하지요.

분자

물질의 성질을 가진 가장 작은 입자를 말합니다. 여러 개의 원자가 결합해 행동하지요. 분자는 쪼개져 다시 원자가 될 수 있습니다.

생명체도 우리 눈에 보이는 것보다 훨씬 작은 단위로 나눌 수 있습니다. 생명체는 세포로 구성되어 있지요. 사람의 장기와 살도 모두 세포가 모여서 이루어집니다. 세포는 원자가 모여 만들어지지요.

식물은 수많은 식물세포로 이루어집니다. 세포 안에 있는 핵에는 생명체의 모습을 결정하는 유전자가 들어 있습니다. 유전자는 부모에게 물려받은 특징을 저장하고 있지요. 핵 주위에는 세포질이라는 액체가 있습니다. 이외에도 세포 안에는 세포가 살아가는 데 필요한 다른 작은 기관들이 있습니다. 세포의 호흡을 담당하는 미토콘드리아, 노폐물을 저장하는 액포, 광합

■ 식물세포

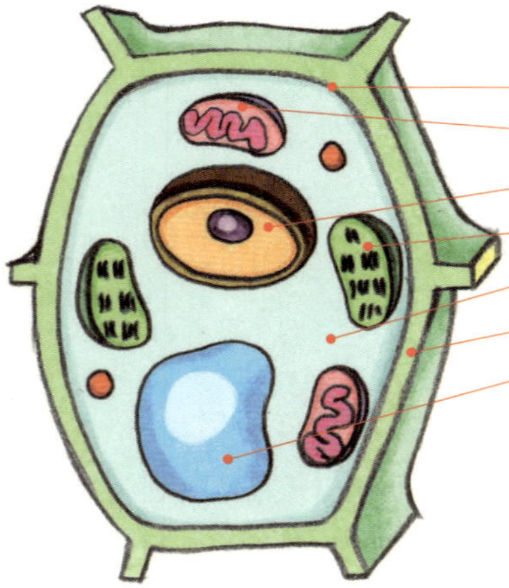

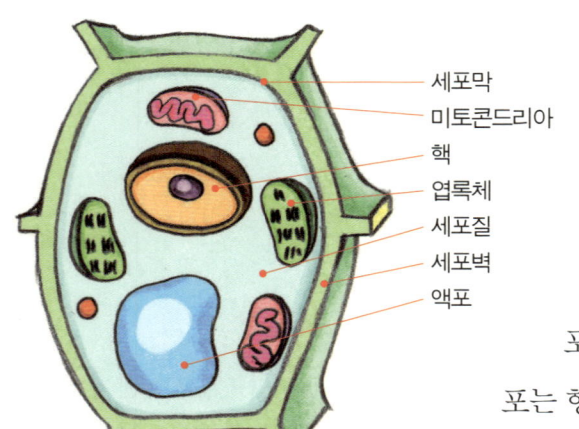

성을 하는 엽록체 등이 있습니다. 다른 세포와 물질을 나누고 산소와 이산화탄소를 교환하는 일은 세포를 둘러싸고 있는 세포막이 담당합니다. 식물세포에는 세포막을 보호하기 위한 세포벽이 있습니다. 동물세포에는 없는 세포벽이 있어서 식물세포는 항상 일정한 모양을 유지합니다.

이러한 작은 세포들이 모이면 조직이 됩니다. 조직이라고 하면 먼저 모임이 떠오르지요? 식물에서 조직은 세포들의 모임이라고 할 수 있습니다. 아래 잎의 단면 구조 그림을

■ 잎의 단면 구조

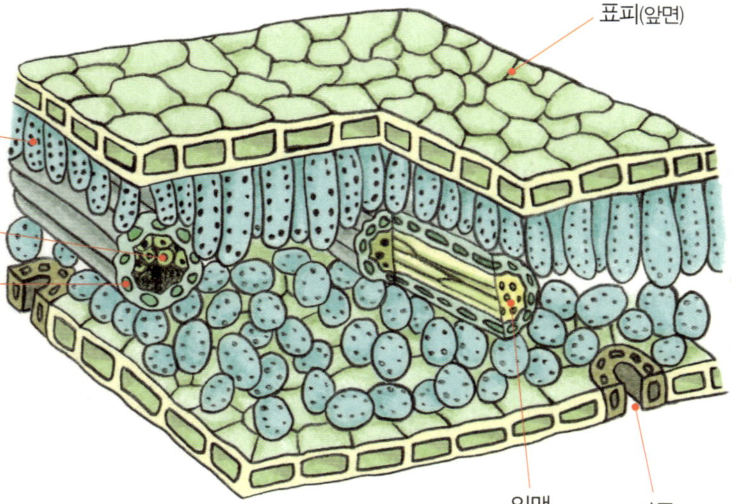

보면 잎에는 책상조직과 해면조직이 있다는 사실을 알 수 있습니다. 책상조직과 해면조직도 세포가 모여 만들어지지요.

세포로 이루어진 조직이 모이면 기관이 됩니다. 식물의 기관은 크게 두 가지로 나뉩니다. 번식을 담당하는 생식기관과 살아가는 데 필요한 양분을 만들고 저장하는 영양기관이지요. 식물의 생식기관으로는 꽃과 열매가 있습니다. 꽃이 피었다가 지면 그 자리에는 열매가 생깁니다. 식물의 열매 속

에 들어 있는 씨는 다시 새로운 생명체를 만들지요. 영양기관에 속하는 기관은 꽃과 열매를 제외한 뿌리, 줄기, 잎입니다. 뿌리와 줄기는 광합성에 필요한 물과 양분을 흡수해 운반하고 잎은 광합성을 해서 포도당을 만듭니다. 줄기와 뿌리는 운반과 흡수뿐만 아니라 영양분을 저장하기도 합니다. 생식기관과 영양기관으로 구분되는 여러 기관이 모여서 하나의 식물체를 이룹니다. 식물의 구성 단계를 간단히 정리하면 다음과 같습니다.

세포 → 조직 → 기관 → 식물체

사람들은 식물체의 구성 단계를 어떻게 알아냈을까요? 가장 작은 단위인 세포는 사람 눈으로는 보이지 않을 만큼 매우 작은데 말이지요. 바로 현미경이 있었기 때문입니다. 현미경을 사용하면 작은 물체를 자세하게 관찰할 수 있습니다.

광원

일반적으로 스스로 빛을 내는 물체를 말합니다. 태양처럼 자연 상태로 빛을 내는 광원도 있고 전구처럼 인공적으로 빛을 내는 광원도 있습니다. 전기가 발명되기 전에는 주로 호롱불, 가스등, 촛불, 횃불 등이 광원으로 쓰였고 지금은 주로 전등이 사용됩니다.

그러면 현미경에 대해 알아볼까요? 현미경은 광학현미경과 전자현미경으로 나눌 수 있습니다. 보통 우리가 실험실에서 사용하는 현미경은 광학현미경입니다. 광학현미경은 빛의 굴절을 이용해 물체를 확대해서 보는 장치입니다. 그래서 빛이 없는 어두운 곳에서는 보이지 않지요. 그런데 어두운 곳에서 보이는 광학현미경도 있습니다. 바로 광원 장치가 달려 있는 광학현미경입니다. 광원 장치가 빛을 대신하기 때문에 어두운 곳에서도 물체를 관찰할 수 있지요.

광학현미경은 재물대 이동식과 경통 이동식 현미경으로 나누어집니다. 두 현미경은 조작법에서 조금 차이가 있습니다. 재물대 이동식 현미경은 재물대를 이동시키며 현미경의 초점을 맞추고, 경통 이동식 현미경은 경통을 위아래로 움직이면서 초점을 맞춥니다.

현미경에서 가장 중요한 장치는 렌즈입니다. 렌즈의 배율에 따라 물체를 확대하는 정도가 달라지기 때문이지요. 렌즈는 접안렌즈와 대물렌즈 두 가지가 있습니다. 두 렌즈 배율의 곱에 따라서 전체 배율이 결정됩니다. 만약 대물렌즈가 10배, 접안렌즈가 50배의 배율이라면 $10 \times 50 = 500$이므로 이 두 렌즈를 쓰는 현미경으로는 물체를 500배 크기로 확대해서 관찰할 수 있습니다.

렌즈의 배율이 높아 물체를 크게 확대해서 볼 수 있다고 해도 빛이 너무 약하면 물체를 볼 수 없습니다. 배율에 따라 적합한 밝기가 달라지기 때문에 그때마다 잘 볼 수 있도록 밝기를 조절해야 하지요. 현미경에서 밝기 조절을 하는 부분은 반사경과 조리개입니다. 반사경은 주변의 빛을 최대한 모아 현미경에 넣는 기능을 하고, 조리개는 반사경에서 모은 빛의 양을 조절하는 역할을 합니다.

■ 경통 이동식 현미경의 구조

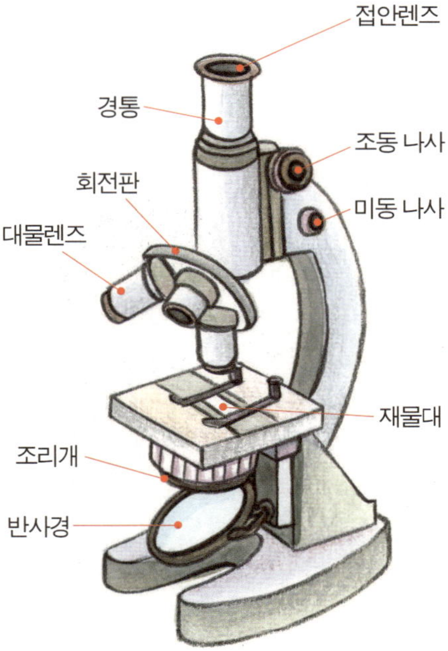

상

어딘가에 비친 모습을 말합니다. 렌즈나 거울에 빛이 들어와 굴절하거나 반사되어 만들어집니다. 여기에는 현미경에서 보이는 물체의 확대된 모습을 뜻합니다.

물체를 현미경 재물대 위에 놓고 그냥 들여다본다고 물체를 잘 관찰할 수 있지는 않습니다. 물체가 한쪽으로 조금 치우쳐 있으면 보이지 않기 때문에 조동 나사를 조절해 상을 잘 찾아 주어야 하지요. 상을 찾아서 물체가 보이더라도 초점이 정확히 맞지 않으면 초점이 맞지 않은 사진처럼 물체가 뿌옇게 보일 수 있습니다. 그럴 때는 미동 나사를 돌려 초점을 정확히 맞추어야 뚜렷한 상을 볼 수 있습니다.

TIP 요건 몰랐지?

식물과 동물의 구성 단계

식물과 동물은 모두 세포, 조직, 기관, 생명체 순으로 구성되어 있습니다. 하지만 식물과 동물은 차이점이 있습니다. 식물은 조직이 많아 조직을 묶는 단계가 있습니다. 이 단계를 조직계라고 부르지요. 동물은 식물과 다르게 기관이 많습니다. 심장, 팔, 다리, 눈, 머리 등이 그렇지요. 그래서 기능이 같은 기관들이 다시 기관계로 묶여집니다. 동물의 기관계로는 호흡기관계, 순환기관계, 배설기관계 등이 있습니다. 기관 이전의 단계인 조직계는 식물에만 있고, 기관들이 모여 이루는 조직계는 동물에게만 있습니다.

Q&A 꼭 알고 넘어가자!

문제 1 식물과 동물을 구분할 수 있는 가장 뚜렷한 차이점은 무엇인가요?

문제 2 식물은 대부분 뿌리, 줄기, 잎, 꽃, 열매로 구성되어 있습니다. 각각의 역할은 무엇인가요?

3. 가장 원시적인 식물은 자외선을 피해 물속에서 나타났습니다. 그 후 오존층이 생기면서 육지 위에 선태식물이 나타났지요. 선태식물이 육지 생활에 적응한 후 발달한 식물은 양치식물입니다. 선태식물과 양치식물은 꽃이 없어 씨앗으로 번식하지 못합니다. 양치식물 다음에 꽃으로 번식하는 종자식물이 나타났습니다.

4. 식물의 구성 단위 중에서 가장 작은 단위는 세포입니다. 작은 세포들이 모이면 조직이 됩니다. 조직이 여러 개 모이면 하나의 기관을 이룹니다. 식물의 기관은 크게 두 가지로 나누어집니다. 생식을 담당하는 생식기관과 살아가는 데 필요한 양분을 만들고 저장하는 영양기관이지요. 꽃과 열매는 생식기관에, 뿌리, 줄기, 잎은 영양기관에 속합니다. 이러한 기관들이 모여 식물체를 이루지요.

문제 3 지구가 생긴 이후 동물과 식물은 계속 진화했습니다. 식물은 어떤 과정으로 진화했나요?

문제 4 식물의 구성 단계를 설명해 보세요.

정답

1. 식물과 동물의 가장 큰 차이점은 양분을 섭취하는 방법입니다. 동물은 무엇인가를 꼭 먹어야 살 수 있지만 식물은 스스로 영양분을 합성해 살 수 있습니다. 식물이 스스로 양분을 합성하는 작용을 광합성이라고 합니다.

2. 뿌리는 식물체를 지탱하고 흙에서 물과 양분을 흡수합니다. 또 광합성을 통해 만든 양분을 저장하기도 하지요. 줄기는 식물체를 지탱하고, 광합성을 통해 만든 양분과 뿌리에서 흡수한 양분을 옮깁니다. 잎은 물과 이산화탄소를 원료로 빛에너지를 이용하여 포도당과 산소를 만드는 광합성을 합니다. 그리고 수분의 양을 조절하는 증산작용도 하지요. 꽃과 열매는 종족 번식을 위해 일합니다.

관련 교과

초등 4학년 2학기 1. 식물의 세계
초등 5학년 1학기 4. 작은 생물의 세계
초등 6학년 1학기 4. 생태계와 환경
중학교 1학년 6. 식물의 영양

2. 식물이 사는 곳

지구에는 많은 식물이 다양한 곳에서 살아가고 있습니다. 아주 높은 산에서 사는 식물도 있고, 강이나 연못에서 사는 식물도 있습니다. 다른 환경에 사는 만큼 모습도 제각각입니다. 어떤 식물은 잎이 굉장히 넓고, 어떤 식물은 잎이 가시처럼 생겼지요. 사는 곳의 빛의 양과 온도, 그리고 물의 양에 따라 식물의 구조는 조금씩 다릅니다.

산에 사는 식물

우리나라와 가까운 중국에는 산이 별로 없습니다. 산이 있어도 돌이 많은 돌산이기 때문에 나무가 별로 없지요. 나무가 적으면 공기가 오염되기 쉽습니다. 그래서 중국은 스모그로 유명한 영국처럼 뿌옇게 흐린 날이 많습니다. 반면에 국토 면적의 3분의 2가 산으로 뒤덮여 있는 우리나라는 공기 오염이 비교적 느리게 진행되고 있습니다. 산에 있는 나무가 오염 물질을 정화해 주기 때문입니다. 공기를 맑게 해 주는 고마운 산에는 어떤 식물이 살고 있을까요?

산에서는 높이가 100m 높아지면 평균 약 0.5°C씩 온도가 내려갑니다. 온도에 따라서 살아갈 수 있는 식물이 다르기 때문에 높이별로 분포하는 식물도 달라집니다. 하지만 숫자로 표현되는 절대적인 높이에 따라서만 자라는 식물이 달라지는 것은 아닙니다. 같은 높이더라도 위도가 달라지면 자라는 식물도 달라집니다. 예를 들어 고산식물이 자라는 고산대는 적도 부근에서는 해발고도 3,000~4,000m를 넘어야 나타나고, 우리나라에서는 2,400m 정도에서 보이며, 극지방 부근에서는 해안까지 내려가서 나타나기도 합니다.

낮은 곳에 사는 식물은 대부분 키가 크고 잎의 모양도 여러 가지로 다양합니다. 잎의 모양이 뾰족한 나무를 침엽수라고 부르고, 잎이 넓고 둥그스

■ 산 높이에 따른 식물의 분포

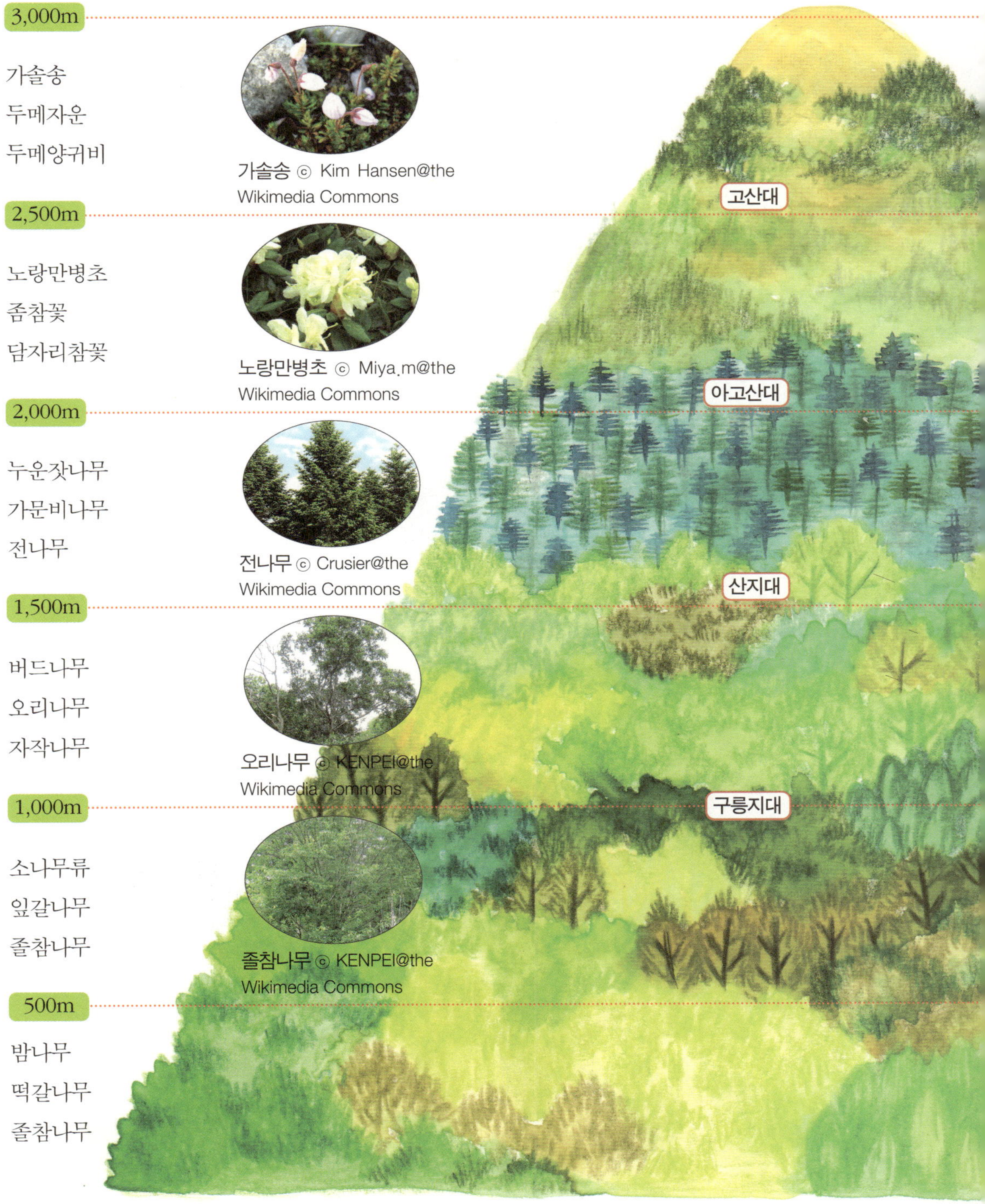
3,000m
가솔송
두메자운
두메양귀비
가솔송 ⓒ Kim Hansen@the Wikimedia Commons
고산대
2,500m
노랑만병초
좀참꽃
담자리참꽃
노랑만병초 ⓒ Miya.m@the Wikimedia Commons
아고산대
2,000m
누운잣나무
가문비나무
전나무
전나무 ⓒ Crusier@the Wikimedia Commons
산지대
1,500m
버드나무
오리나무
자작나무
오리나무 ⓒ KENPEI@the Wikimedia Commons
구릉지대
1,000m
소나무류
잎갈나무
졸참나무
졸참나무 ⓒ KENPEI@the Wikimedia Commons
500m
밤나무
떡갈나무
졸참나무

름하며 평평한 나무를 활엽수라고 합니다. 해발고도가 약 1,500m보다 낮은 곳에는 침엽수와 활엽수가 골고루 퍼져 있습니다. 보통 1,500m 이상 되는 곳을 산지대라고 하며 이곳에는 가문비나무, 누운잣나무, 전나무가 주로 자랍니다.

높은 곳으로 올라갈수록 나무의 키는 낮아집니다. 같은 종류의 나무라고 해도 높은 곳에서 살아가는 식물의 키가 더 작습니다. 높은 곳에 있는 나무가 작은 이유는 높은 곳으로 올라가면 바람이 무척 강해서 나무가 크면 센바람을 맞아 부러지기 쉽기 때문입니다. 그래서 키가 큰 종류의 나무도 높은 곳에서 자라면 작은 키를 유지합니다. 높은 곳에서 키가 작았던 나무를 아래쪽으로 옮겨 심으면 다시 크게 자랄 수 있습니다.

약 2,500m까지의 높이는 아고산대라고 부릅니다. 아고산대에는 키가 20㎝보다 작은 활엽수 식물만 살아갈 수 있습니다. 산은 기온 일교차가 심해 광합성을 하는 데 한계가 있습니다. 그래서 광합성을 한꺼번에 많이 할

수 있는 잎이 넓은 활엽수가 잎이 좁은 침엽수보다 살아가기 쉽지요. 또 키가 큰 나무보다 키가 작은 꽃과 풀이 무성한 이유는 키가 작은 꽃과 풀이 바람을 견딜 수 있기 때문입니다.

기온 일교차

하루 중 가장 높은 온도와 낮은 온도의 차이를 말합니다. 위도와 해안으로부터의 거리, 날씨 그리고 지형에 따라 달라집니다.

2,500m보다 더 높은 곳은 고산대라고 합니다. 고산대는 너무 높아 지표면에서 올라오는 열을 받기가 어렵기 때문에 온도가 매우 낮습니다. 식물이 살아가기에 좋지 않은 환경이지요.

산에서 식물은 바람이 불어오는 쪽에 있느냐 반대편에 있느냐에 따라서 모습이 달라집니다. 바람이 불어오는 쪽은 센바람에 버티기 위해서 나무의 키가 작지만, 바람이 불어오는 반대쪽은 산이 바람을 막아 주고 눈이 쌓이기도 해서 식물이 더 잘 자랄 수 있는 환경이 됩니다.

TIP 요건 몰랐지?

고랭지 농업

고랭지 농업은 여름철에 고원이나 산지 등의 서늘한 곳에서 하는 농업입니다, 해발고도 600~1,000m 정도의 높은 곳에서 이루어집니다. 고원이나 산지는 다른 지역보다 낮에 기온이 높아서 광합성을 많이 할 수 있습니다. 식물은 광합성을 통해 만든 양분을 호흡에 사용합니다. 고원이나 산지는 밤이 되면 다른 지역에 비해 추워서 식물의 호흡량이 줄어듭니다. 여름철 고원과 산지의 식물은 낮에 광합성으로 많은 양분을 만들지만 밤에 호흡으로 쓰는 양분이 적어서 저장되는 양분이 많습니다. 그래서 고랭지 농업은 효율적이라고 할 수 있습니다. 우리나라는 고랭지 농업으로 감자, 메밀 등의 잡곡류와 배추 등의 채소를 재배하고 있습니다.

고랭지 농업은 여름에 서늘한 고원과 산지에서 이루어진다. ⓒ Rafeek Manchayil@the Wikimedia Commons

강과 연못의 식물

식물은 땅 위에서만 자라지 않습니다. 강이나 연못에서 자라는 식물도 있습니다. 물 위에 예쁜 꽃을 피우는 수련이 바로 물에서 자라는 식물이지요. 수련처럼 물속에서 자라는 식물을 수중식물이라고 합니다. 물속에 잠겨서 자라는 식물과 물 위를 떠다니는 식물 모두 수중식물입니다. 수중식물은 육지에서 자라는 식물과 어떤 점이 다른지 알아볼까요?

옛날 사람들은 수련이 피는 모습을 보고 상당히 신기해했습니다. 아침에

수련은 물 위에서 꽃이 피는 식물이다.

꽃잎을 닫았다가 낮에 활짝 피우고, 저녁이면 다시 꽃잎 닫기를 3～4일간 반복하기 때문이지요. 저녁이 되면 수련은 오므라들면서 물에 살짝 가라앉습니다.

수련은 날씨에 굉장히 민감한 식물입니다. 날씨가 흐리거나 비가 많이 내리는 날은 꽃이 열리지 않습니다. 그 이유는 비가 많이 와서 꽃 안에 물이 많이 차면 꽃이 가라앉을 수도 있기 때문입니다. 하지만 맑은 날은 활짝 꽃을 피우지요. 날씨가 맑으면 꽃 안에 물이 찰 일도 없지만, 벌과 나비 같은 곤충들이 활발하게 활동해서 수분이 잘 일어납니다.

수련은 잎이 두껍게 발달해 있습니다. 수련의 잎

수분

종자식물에서 수술의 꽃가루가 암술머리에 옮겨 붙는 일을 말합니다. 바람이나 곤충과 새의 도움, 또는 사람의 손에 묻어 옮겨집니다.

수련의 잎은 물속 동물들의 놀이터이기도 하다.

개구리밥은 물 위에 떠서 사는 식물이다. ⓒ Christian Fischer@the Wikimedia Commons

은 둥근 모양으로 물 위에 넓적하게 퍼져 있습니다. 밑 부분은 화살 끝 부분처럼 양쪽으로 갈라져 있고, 길이는 5~12㎝, 폭은 8~15㎝ 정도입니다. 식물은 몸에 있는 물을 기공을 통해 내보내어 수분을 조절합니다. 대부분의 식물은 잎의 뒷면에 기공이 있지요. 하지만 수련은 물 위에 떠 있기 때문에 잎의 뒷면이 물로 막혀 있어 뒷면으로 물을 내보내지 못합니다. 그래서 수련의 기공은 잎의 윗면에 주로 퍼져 있습니다.

기공

식물의 잎에서 기체와 수증기가 드나드는 통로를 말합니다. 빛과 습도에 따라 여닫게 되어 있습니다.

만화에서 수련 잎 위를 뛰어다니는 개구리를 본 적 있나요? 만화에서뿐만 아니라 실제에서도 이런 일은 일어납니다. 수련은 개구리 같은 물속 동물의 놀이터가 되기도 하고, 달팽이 같은 작은 동물의 먹이가 되기도 합니다.

물 위에 떠서 사는 식물 가운데 가장 흔하게 볼 수 있는 식물은 개구리밥

입니다. 봄에 물을 대어 놓은 논 위를 유유히 떠다니는 초록색 작은 식물이 바로 개구리밥이지요. 개구리밥이 물 위에 떠다닐 수 있는 이유는 잎에 공기가 차 있기 때문입니다. 이렇게 개구리밥처럼 물 위에 떠서 사는 수중식물은 뿌리가 길지 않습니다. 개구리밥은 뿌리 길이가 3~5㎝입니다. 이 짧은 뿌리로 물에서 몸의 균형을 유지하면서 생활하지요.

물 위를 떠다니는 수중식물이라고 모두 뿌리가 있는 것은 아닙니다. 수중식물 중에 뿌리가 없는 종류도 있습니다. 뿌리가 없이 물 위에 떠서 살기 때문에 바람이 강하게 불거나 비가 많이 내리는 날은 균형을 잡기 어렵지요.

개구리밥처럼 줄기와 잎이 물 위에 있고, 뿌리가 물속에 있는 식물로는 부레옥잠, 생이가래 등이 있습니다.

물속에 사는 동물들은 어떻게 산소를 공급받을까요? 물에 녹아 있는 산소를 공급받는다고 생각하기 쉽지만 그렇지 않습니다. 산소는 물에 쉽게 녹지 않습니다. 만약 산소가 물에 쉽게 녹는다면 비 오는 날은 공기 중의 산소가 다 녹을지도 모릅니다. 그러면 우리는 숨을 쉴 수 없겠지요.

물속에 사는 동물은 물속에 사는 침수식물의 도움으로 산소를 얻습니다. 침수식물은 식물체 전체가 물 위로 모습을 드러내지 않고, 물속에 잠겨 고정된 채로 자라는 수중식물입니다. 바다에서 자라는 해조류도 있지만 보통 강이나 호수 등에서 자라는 식물을 말합니다. 이러한 침수식물이 물속에서 광합성을 해서 산소를 만들기 때문에 물속에 사는 동물도 호흡할 수 있습니다. 침수식물에는 물수세미, 검정말, 붕어마름, 말즘, 나사말, 통발 등이 있습니다.

붕어마름은 침수식물이며 전나무의 바늘잎처럼 잎이 가늘다. ⓒ Bernd Haynold@the Wikimedia Commons

물별이끼는 침수식물이며 잎이 물 위에 뜬다. ⓒ T. Voekler@the Wikimedia Commons

숲에 사는 식물

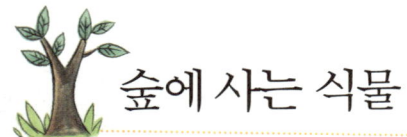

지구에는 다양한 기후가 있습니다. 우리나라는 봄, 여름, 가을, 겨울 사계절이 뚜렷한 온대기후에 속합니다. 한대기후는 1년 내내 겨울인 곳의 기후를 말합니다. 한대기후는 남극대륙처럼 얼음이나 눈에 덮여 있는 빙설기후와 이끼류나 지의류가 자랄 수 있는 툰드라기후로 나뉩니다. 열대우림기

열대우림은 우기일 때 거의 매일 많은 비가 내린다. ⓒ Rabab@the Wikimedia Commons

숲의 바닥층에 사는 독버섯은 색깔과 모양이 화려하다.

후는 우리나라보다 더 아래쪽에 있어 1년 내내 덥고 비가 많이 내리는 지역의 기후입니다.

열대우림은 적도 지역에 있어서 태양에너지를 아주 많이 받습니다. 그래서 1년 내내 기온이 높을 수밖에 없지요. 우리나라는 여름에 비가 많이 내리는 장마철이 있습니다. 우리나라 장마처럼 1년 중 비가 많이 오는 시기를 우기라고 합니다. 또 반대로 기후가 건조한 시기를 건기라고 부르지요. 열대우림은 건기가 전혀 없습니다. 1년 내내 덥고 습하며 강우량이 많지요. 특히 우기일 때에는 거의 매일 굵은 빗방울이 억수같이 쏟아지기 때문에 끈적끈적할 정도로 습도가 높습니다.

열대우림 지역은 크게 세 부분으로 나누어집니다. 울창한 나무에 가려서 햇빛이 전혀 들어오지 않는 그늘로 된 바닥층과 잎이 무성한 임관층, 꼭대기 부분인 돌출목층이지요. 숲의 각 부분에 대해 자세히 알아볼까요?

바닥층

바닥층은 비가 많이 내려 축축하고 빛이 들어오지 않습니다. 우리 주변에 곰팡이와 이끼가 잘 생기는 곳과 비슷한 환경이지요. 집에서도 물을 많이 쓰는 화장실에는 곰팡이가 자주 생기지요? 마찬가지로 습도가 높은 숲의 바닥에는 곰팡이와 이끼가 많이 생깁니다.

바닥층에는 이끼와 곰팡이 외에 다른 식물이 자랍니다. 그중에 눈에 띄는 식물이 바로 알록달록한 독버섯입니다. 버섯은 균류이기 때문에 곰팡이와 이끼처럼 그늘지고 축축한 곳에 잘 생기지요. 독이 있는 버섯은 색깔이 화려하고 예뻐서 바닥층을 아름답게 보이게 합니다.

알로카시아는 그늘을 매우 좋아하는 식물이다.
ⓒ Forest & Kim Starr@the Wikimedia Commons

고사리류 같은 양치식물도 독버섯처럼 덥고 습한 환경을 매우 좋아해서 숲의 바닥에 많이 나타납니다. 또 바닥층에는 빛이 잘 들어오지 않기 때문에 그늘을 유난히 좋아하는 '알로카시아'란 식물도 볼 수 있습니다. 알로카시아의 잎은 앞면에 은백색 잎맥이 있고, 뒷면은 자주색을 띱니다.

숲의 바닥층은 빛이 잘 들어오지 않아서 빛이 있어야 살 수 있는 식물은 성장하기 어렵습니다. 그래서 나무 한 그루가 쓰러지면 원래 나무가 있던 공간으로 빛이 들어와 어린나무와 풀, 덩굴식물이 빠르게 성장해 나갑니다.

잎맥

식물의 잎에 있는 관다발과 관다발을 둘러싼 부분을 말합니다. 잎을 지탱하는 뼈대 역할을 하며 물과 양분을 옮기는 통로 기능을 합니다. 뿌리에서 줄기를 거쳐 올라온 물과 양분을 잎에 있는 세포에 전달하지요. 또 잎에서 광합성으로 만들어진 물질을 식물의 다른 기관으로 옮기는 역할도 합니다. 잎맥은 나란히맥과 그물맥이 있습니다.

임관층

숲의 중간 부분을 차지하는 곳은 임관층입니다. 임관층에는 길이가 25～45m 정도 되는 식물이 자리 잡고 있습니다. 이곳에 있는 식물은 잎이 대체로 넓어 광합성 작용을 매우 활발하게 일으킵니다. 광합성을 잘하기 때문에 성장이 빨라 잎과 줄기가 빽빽하게 자라지요. 촘촘하게 자란 나무의 잎과 줄기는 비가 많이 내리는 지역에서 비와 바람을 튼튼히 막아 주는 역할을 합니다. 그래서 바람이 세게 불어도 숲 안쪽에서는 바람이 불지 않는 것처럼 느껴지지요.

임관층에 사는 식물의 잎은 특이하게 생겼습니다. 우리가 먹는 깻잎처럼

임관층 식물의 잎 끝에는 빗물을 떨어뜨리기 위한 꼬리가 달려 있다.
ⓒ Meneerke bloem@the Wikimedia Commons

생긴 잎에 긴 꼬리가 달려 있지요. 이렇게 꼬리가 달려 있는 이유는 열대우림에 비가 많이 오기 때문입니다. 긴 꼬리가 달린 잎은 비가 올 때 잎으로 내리는 빗물을 빨리 떨어뜨리기에 좋습니다. 또 다른 이유도 있습니다. 잎 표면에 이끼가 달라붙는 것을 막기 위해서입니다. 잎에 이끼가 달라붙으면 광합성 작용과 호흡을 하기에 불편합니다.

호흡

산소를 들이마시고 이산화탄소를 내보내어 생물들이 에너지를 만드는 작용을 말합니다. 식물도 동물처럼 하루 24시간 내내 호흡합니다. 낮에 광합성을 할 때도 호흡은 일어나지만 이때 생기는 이산화탄소는 광합성에 바로 사용되므로 밖으로 나오지 않습니다. 밤에는 광합성은 일어나지 않고 호흡만 일어납니다. 호흡은 식물의 모든 세포에서 일어납니다.

열대우림의 식물이라 해도 항상 잎이 무성할 수는 없습니다. 우리나라에서 가을이 되어 추워지기 시작하면 잎이 떨어지는 것처럼 열대우림의 나무들도 낙엽을 만듭니다. 하지만 우리의 가을처럼 잎이 계속 떨어지지는 않습니다. 나무들이 잠시 옷을 갈아입는 정도이지요. 나뭇잎을 떨어뜨리는 시기는 1년 중 가장 건조한 때이지만, 이 시기는 식물의 종류마다 조금씩 차이가 납니다.

돌출목층

이제 숲의 꼭대기 층을 살펴볼까요? 꼭대기 층은 열대우림의 녹색 천장이라고 할 수 있습니다. 숲의 꼭대기 층에서 볼 수 있는 큰 나무는 높이가 대략 60~70m 정도입니다. 큰 나무의 윗부분이 차지하는 꼭대기 층을 다른 말로 '돌출목층'이라고 부릅니다. 돌출목층은 임관층이나 바닥층과는 다르게 다른 식물이 만드는 그늘에 가려지는 부분이 없어서 햇볕에 그대로 노출됩니다. 그래서 해가 뜨는 낮에는 매우 뜨겁지요. 하지만 저녁이 되어 해가 지면 온도가 급격히 내려갑니다. 그래서 돌출목층에는 기온 변화가

열대우림의 돌출목층에는 파인애플과의 식물과 지의류, 선인장이 붙어서 함께 살아간다.

지의류

지의류는 균류와 조류가 합쳐져서 만들어진 식물의 종류입니다. 나무껍질이나 바위에 붙어서 자라는데 열대, 온대, 남북극부터 고산지대까지 널리 분포합니다.

심한 환경에 적응하는 식물만 살아남게 됩니다.

돌출목층에는 바람이 강하게 붑니다. 바람을 막아 줄 다른 식물도 없지요. 이러한 강한 바람을 이용해 번식하는 식물도 많습니다. 돌출목층에 사는 식물의 잎은 임관층에서 자라는 식물처럼 작은 여러 잎으로 나누어져 있습니다. 또 건조한 시기가 되면 잠깐 잎을 떨어뜨리기도 합니다. 돌출목층에는 파인애플과의 식물과 지의류, 선인장이 붙어서 함께 살아갑니다.

TIP 요건 몰랐지?

착생식물

착생식물이란 나무에 달라붙어 살아가는 식물을 말합니다. 주로 열대 숲의 돌출목층에 나타나지요. 돌출목층에서도 제일 꼭대기에 자리 잡고 있습니다. 착생식물은 나무껍질을 완전히 덮을 정도로 빽빽하게 붙어서 살아갑니다. 착생식물들은 나무껍질에 붙어 있지만 나무로부터 물이나 양분을 빼앗지는 않습니다. 붙어 사는 이유는 단지 높은 곳에서 햇빛을 많이 받기 위해서입니다. 착생식물로는 지의류와 선태류가 있습니다.

지의류는 착생식물로 다른 식물의 나무껍질에 붙어서 산다.

Q&A 꼭 알고 넘어가자!

문제 1 산에서 높이에 따라 볼 수 있는 식물의 종류는 어떻게 달라지나요?

문제 2 우리는 공기 중의 산소로 숨을 쉬지만 물속에 사는 동물들은 어떻게 산소를 공급받아 숨을 쉴까요?

3. 열대우림 지역은 바닥층과, 임관층, 돌출목층으로 나눌 수 있습니다. 바닥층은 햇빛이 들어오지 않는 숲의 그늘입니다. 이끼, 곰팡이, 독버섯, 양치식물 등과 그늘을 유난히 좋아하는 알로카시아 같은 식물을 볼 수 있습니다. 숲의 중간 부분은 임관층입니다. 이 층은 길이가 25~45m 정도 되는 식물이 자리 잡고 있습니다. 숲의 꼭대기 층은 '돌출목층'이라고 부릅니다. 햇볕이 그대로 내리쬐기 때문에 낮에는 매우 뜨겁고 밤에는 너무 차가워 온도 변화가 심하지요. 이런 환경을 잘 적응하는 식물만이 살아남습니다.

문제 3 1년 내내 덥고 비가 많이 내리는 열대우림 지역은 크게 세 부분으로 나눌 수 있습니다. 각각 어떤 특징이 있나요?

정답

1. 산의 해발고도가 500m 정도 차이 날 때마다 나타나는 식물의 종류가 달라집니다. 해발고도가 약 1,500m보다 낮은 곳에는 침엽수와 활엽수가 적당히 퍼져 있습니다. 보통 1,500m 이상 되는 곳을 산지대라고 하며 이곳에는 가문비나무, 느티나무, 전나무가 주로 자랍니다. 2,000m에서 2,500m까지의 아고산지대에는 20㎝보다 키가 작은 활엽수 식물만 살아갈 수 있습니다. 2,500m보다 더 높은 고산지대는 온도가 매우 낮아서 식물이 살아가기가 어렵습니다.

2. 산소는 물에 쉽게 녹는 기체가 아니어서 물속에 사는 동물들은 '침수식물'의 도움을 받아야 숨을 쉴 수 있습니다. 물속에 사는 동물들은 침수식물이 광합성으로 만든 산소로 호흡합니다.

관련 교과

초등 4학년 1학기 3. 식물의 한살이
초등 5학년 2학기 1. 환경과 생물
초등 6학년 2학기 4. 계절의 변화

3. 식물의 사계절

우리나라는 온대기후로 사계절이 뚜렷한 나라 중의 하나입니다. 온대기후에서는 온도나 햇빛의 양에 따라 식물이 달라지는 모습을 볼 수 있습니다. 일반적으로 봄에 새싹이 돋고, 여름에 꽃이 활짝 피고, 가을에 잎이 떨어지고, 겨울에 새로운 싹을 틔울 준비를 합니다. 하지만 이런 사계절의 변화가 모든 식물에게 적용되지는 않습니다. 가을에 피어 봄에 지는 꽃도 있지요.

봄

봄은 기온이 올라가면서 얼었던 땅이 녹고 새싹이 돋아나는 계절입니다. 봄이 오면 여기저기에서 꽃이 피어나기 시작하지요. 도대체 산과 들에 피는 꽃과 풀의 씨는 누가 뿌려 놓았을까요?

집에 새 화분을 사다가 흙을 담고 가만히 놓아둔다고 싹이 트고 꽃이 피지는 않습니다. 집에 있는 새 화분의 흙에는 아무것도 들어 있지 않아서 싹이 트지 않지요. 하지만 산이나 들에는 지난해 피었던 꽃이 지면서 땅에 떨어뜨려 놓은 씨가 다시 싹터 꽃이 핍니다.

씨가 싹이 트려면 적당한 온도와 수분, 그리고 공기가 필요합니다.

모든 생물의 몸에는 온도를 감지해서 작용하는 호르몬이 있습니다. 호르

지난해 죽은 꽃이 떨어뜨려 놓은 씨는 이듬해 다시 꽃을 피운다. © M Hillier@flickr.com

몬의 영향으로 온도가 너무 낮거나 높으면 식물의 씨앗은 꿈틀거릴 수 없습니다. 그래서 추운 겨울이 지나 봄이 되어야만 싹이 틉니다.

호르몬

생물의 몸에서 기능을 조절하는 물질입니다. 몸속에서 합성되어 몸에 어떤 현상을 일으키거나 어떤 물질을 움직이게 합니다.

온도만 적당해서는 싹이 트지 않습니다. 온도가 적당해도 물이 없으면 싹이 나올 수 없지요. 겨울에 흙을 만져 보면 수분이 없고 바짝 말라 있어서 거친 느낌이 듭니다. 겨울이 지나 얼어 있던 땅이 적당히 녹아서 촉촉하게 물이 생겨야 싹이 트기에 알맞은 환경이 됩니다. 물은 바짝 말라 있는 씨앗의 껍질을 부드럽게 해서 싹이 쉽게 껍질을 빠져 나오게 하는 역할을 합니다.

지렁이가 파 놓은 땅의 구멍은 씨앗의 호흡을 돕는다. ⓒ pfly@the Wikimedia Commons

싹트는 과정을 빨리 보고 싶다고 물을 많이 주면 어떻게 될까요? 물이 너무 많으면 씨가 썩을 수도 있습니다. 이럴 때는 지렁이 같은 동물이 흙을 파서 통풍이 잘 되게 해 주면 씨가 썩지 않습니다. 지렁이는 징그럽지만 식물에게는 매우 유용한 동물입니다. 지렁이가 파 놓은 구멍 덕분에 식물의 씨는 썩지 않고 호흡할 수 있지요. 씨앗도 생명이기 때문에 산소가 있어야 호흡할 수 있습니다. 씨가 호흡을 하는 이유는 모든 생물과 마찬가지로 에너지를 얻기 위해서입니다. 식물도 싹이 트고 꽃이 피려면 에너지가 필요해서 반드시 산소가 필요합니다.

햇볕도 잘 들고, 공기도 잘 통하고, 물도 충분히 주니까 싹이 트는구나.

겨울 추위를 이기고 싹을 틔우는 벚나무.
ⓒ Aomorikuma@the Wikimedia Commons

잎이 나오기 전에 꽃이 먼저 피는 개나리.
ⓒ Yann@the Wikimedia Commons

싹이 트는 모습은 땅에서만 볼 수 있는 것은 아닙니다. 나무에서도 싹이 틉니다. 나뭇가지는 겨울이 되면 겨울눈을 만들어 그 속에 꽃과 잎을 숨겨 놓습니다. 추운 날씨에 적응하기 위해서 겨울눈에 털옷을 입히기도 합니다. 비늘잎과 솜털로 쌓여 있지요.

봄꽃이라고 하면 가장 먼저 어떤 꽃이 떠오르나요? 벚꽃과 개나리를 떠올리기 쉽지요. 벚꽃과 개나리는 잎이 먼저 나오지 않고 꽃이 먼저 핀 후, 꽃이 떨어질 무렵에 잎이 나옵니다. 이렇게 잎보다 빨리 피는 꽃은 봄이 되었다는 사실을 어떻게 알았을까요? 햇빛의 양과 온도로 봄이 온 것을 알아차립니다. 봄이 되면 낮의 길이가 길어져 햇빛을 받는 시간도 늘어납니다. 그러면 땅의 온도가 올라가게 되지요. 식물은 이런 온도 변화에 굉장히 민감합니다. 그래서 우리는 꽃이 피는 시기를 보고 기온이 달라졌다는 사실을 알 수 있습니다.

여름

여름에는 다른 어떤 계절보다 낮의 길이가 길기 때문에 식물이 활발하게 활동합니다. 빛의 양이 많으면 광합성을 많이 할 수 있어서 양분을 많이 축적할 수 있습니다. 그래서 여름이 되면 많은 식물이 화려한 꽃을 피우고 열매를 맺지요. 여름에 꽃을 피우는 식물로는 봉선화, 해바라기, 도라지, 패랭이꽃, 무궁화 등이 있습니다.

패랭이꽃은 6~8월에 꽃이 핀다.
ⓒ Fanghong@the Wikimedia Commons

도라지는 7~8월에 꽃이 핀다.
ⓒ Kurt Stueber@the Wikimedia Commons

여름에 피는 꽃 중에 해바라기는 특이한 모습으로 자랍니다. 해를 따라서 고개를 움직이지요. 태양은 아침에 동쪽에서 떠올랐다가 점심때쯤 남쪽 중앙에 자리를 잡고 오후가 되면 서쪽으로 이동합니다. 해바라기는 그때마다 고개를 태양이 있는 쪽으로 돌립니다. 해가 진 후 밤이 되면 고개를 다시 동쪽으로 돌려 아침을 맞을 준비를 하지요.

이런 현상은 특수하게 해바라기 꽃에서 나타나는 것은 아닙니다. 꽃이 피기 전의 녹색 봉오리나 어린 꽃에서만 나타나는 현상이지요. 꽃이 다 핀 이후에 해바라기는 거의 남쪽을 바라고 있으며 해를 향해 움직이지 않습니다. 다 자라기 전에 해를 따라 고개를 돌리는 이유는 양분이 많아야 키가 더 욱 클 수 있기 때문입니다. 해바라기는 다른 식물에 비해 키가 커서 광합성을 많이 해야 합니다. 빠른 성장 속도만큼 양분 공급도 빠르게 되어야 해서 성장하는 시기에만 해를 따라 움직입니다.

나팔꽃은 해가 뜨기 직전에 꽃이 활짝 피고 해가 지기 전에 시든다.

해바라기가 고개를 돌리는 데는 식물호르몬, 옥신의 영향을 받습니다. 옥신은 식물의 생장을 촉진하는 호르몬입니다.

여름에 피는 꽃은 어떤 특징이 있을까요? 식물은 빛이 내리쬐는 시간을 감지해서 꽃을 피울 수 있습니다. 나팔꽃은 해가 지면 꽃을 피우기 위한 준비를 합니다. 새벽 세 시에 꽃망울을 터뜨려 해가 뜨기 바로 직전에 꽃이 활짝 핍니다. 그렇게 몇 시간 동안 활짝 펴 있던 꽃은 해가 지기 전에 시들어 버립니다.

나팔꽃은 왜 다른 식물과 다른 방식으로 꽃이 필까요? 사람들은 나팔꽃이 여름 꽃이지만 초여름이나 아주 더운 한여름에는 꽃이 피지 않고, 낮의 길이가 짧아지는 늦여름에 꽃이 핀다는 점을 이상하게 생각했습니다. 그래서 하루 종일 빛을 비추어 개화 실험했지만 나팔꽃은 피지 않았습니다.

'도꼬마리'라는 꽃 역시 나팔꽃처럼 늦여름에 꽃이 핍니다. 그래서 도꼬마리로 여러 가지 실험을 했습니다. 먼저 도꼬마리를 하루 24시간 중에 15

■ 도꼬마리 개화 실험

시간 동안 빛을 쬐게 한 뒤, 9시간 동안 어두운 곳에 놓았습니다. 이때는 도꼬마리 꽃이 피지 않았습니다. 그다음 실험으로 도꼬마리를 9시간 동안 빛을 쬐게 한 뒤, 15시간 동안 어둠 속에 놓았습니다. 이때는 꽃이 피었습니다. 마지막 실험으로 9시간 동안 빛을 쬐게 한 뒤, 15시간 동안 어둡게 두다가 중간에 잠시 빛을 비추어 주었습니다. 그랬더니 꽃이 피지 않았습니다.

이 실험은 도꼬마리가 빛에 따라 꽃이 피는 성질이 있는지 알아보는 실험입니다. 빛을 주는 시간이 낮이고 어둠 속에 있는 시간이 밤이라고 할 수 있습니다. 낮과 밤의 시간을 다르게 해서 어떤 때 꽃이 피는지 알아보는 실험이지요.

첫 번째 실험에서는 밤이 짧고 낮이 긴 환경을 만들어 주었습니다. 실험 결과 꽃이 피지 않았지요. 어두운 시간이 길었던 두 번째 실험 결과를 통해

코스모스는 단일식물로 6~10월에 꽃이 핀다.
ⓒ Gossipguy@the Wikimedia Commons

벼는 8월경에 꽃이 핀 후 열매를 맺는다.
ⓒ katorisi@the Wikimedia Commons

서 밤이 길고 낮이 짧은 환경에서 도꼬마리 꽃이 핀다는 사실을 알 수 있습니다. 도꼬마리가 낮의 길이가 아주 긴 한여름이 아니라 밤의 길이가 조금 길어진 늦여름에 꽃이 핀다는 사실과 통하는 결론입니다.

그런데 마지막 실험은 왜 했을까요? 그 이유는 도꼬마리 꽃이 피는 조건이 낮에 의해 결정이 되는지, 밤에 의해 결정이 되는지를 알기 위해서입니다. 두 번째 실험과 세 번째 실험의 낮의 길이는 같지만 밤의 길이는 다릅니다. 긴 어둠 사이에 빛을 잠깐 비추어서 밤의 길이를 다르게 했지요. 낮의 길이가 같더라도 밤의 길이가 달라지니 실험 결과가 다르게 나타났습니다. 밤의 길이가 짧아지면 도꼬마리는 꽃을 피우지 못했지요.

이처럼 밤의 길이가 어느 정도 길어야 꽃을 피울 수 있는 식물을 단일식물이라고 합니다. 단일식물로는 벼, 옥수수, 콩, 담배, 코스모스, 국화, 나팔꽃 등이 있습니다. 이 식물들은 가을이 오기 바로 전에 꽃을 피웁니다.

여름이 되면 식물도 바쁘지만 곤충도 매우 바빠집니다. 추운 겨울이 오기 전에 꿀을 모으려 하기 때문이지요. 곤충이 꿀을 모으기 때문에 식물은 더욱 바빠집니다. 곤충에 의해 수분이 일어나기 때문입니다. 수분이 일어난 후에 식물의 몸에서는 수정이 일어납니다. 수정이란 사람 몸에서 아기가 만들어지는 현상과 같습니다. 수정이 일어나면 꽃은 떨어지고 그 자리에는 열매가 맺습니다.

대표적인 여름 열매인 수박은 과일이 아니라 채소에 속합니다. 열매채소라고도 하지요. 성분의 94% 정도가 물로 이루어져 있어서 여름에 땀을 많이 흘려 수분이 부족할 때 더없이 좋은 식물입니다. 또 수박에 있는 당분은 맛도 좋게 할 뿐만 아니라 몸에 모자란 기운을 보태 주는 역할도 합니다.

수박 하면 떠오르는 열매가 또 있습니다. "호박에 줄 긋는다고 수박 되

벌은 꿀을 빨면서 꽃가루를 암술머리에 옮겨 준다. ⓒ Guérin Nicolas@the Wikimedia Commons

냐?"라는 말을 들어 본 적이 있지요? 너무 멋을 내도 크게 달라지지 않는다는 의미로 쓰이는 말이지요. 수박과 호박은 이름과 생김새가 비슷하지만, 수박에만 검은 줄무늬가 있습니다.

호박은 6월부터 늦가을까지 노란색 꽃이 핍니다. 그리고 사람과 마찬가지로 여자가 아기를 갖습니다. 무슨 뜻이냐고요? 사람을 여자와 남자로 구분하듯이 식물도 암술을 가진 암꽃과 수술을 가진 수꽃이 있습니다. 식물의 암꽃을 여자에 비유하고 아기는 열매에 비유한 말이지요. 식물은 대부분 암술과 수술을 같이 가지고 있는 양성화이지만 호박은 사람이 남자와 여자가 따로 있는 것처럼 암꽃과 수꽃이 따로 피는 단성화입니다. 호박꽃을 자세히 살펴보면 어떤 꽃은 줄기가 날씬하게 생겼는데 어떤 꽃은 꽃 밑

호박 암꽃 아래에 불룩하게 나온 부분은 나중에 호박 열매가 된다.

호박 수꽃은 줄기에 불룩한 부분이 없다.

이 불룩하게 나와 있습니다. 이렇게 꽃 밑이 불룩한 꽃이 암꽃입니다. 불룩한 부분이 나중에 호박 열매가 되지요.

여자로 태어난다고 그냥 아기를 낳을 수 있지는 않지요? 결혼을 하지 않으면 아기를 낳을 수 없잖아요. 이처럼 호박의 암꽃도 그냥 호박을 만들 수 있지는 않습니다. 암꽃과 수꽃에 있는 꽃가루가 만나는 수분 현상이 일어나지 않는다면 호박 열매로 자라지 못하고 꽃과 함께 땅에 떨어져 버리게 됩니다.

TIP 요건 몰랐지?

식물은 왜 햇빛 쪽으로 굽어지나요?

빛을 싫어하는 옥신 때문에 굽어 자란 식물.
© William M. Gray@the Wikimedia Commons

창가에서 화초를 키우면 식물이 창 쪽으로 굽어서 자라는 모습을 볼 수 있습니다. 식물은 왜 햇빛 쪽으로 굽어질까요?

식물은 광합성으로 양분을 만들며 살아갑니다. 그래서 식물에게 햇빛은 매우 중요하지요. 식물은 이렇게 중요한 빛을 조금이라도 더 받기 위해 햇빛 쪽으로 자랍니다. 식물이 햇빛을 향해 굽어 자라는 성질을 굴광성이라고 하고, 식물이 외부의 자극을 받아서 굽는 성질을 굴성이라고 합니다. 굴광성이 굴성에 포함되지요.

식물의 굴성은 옥신이라는 생장 호르몬의 영향으로 나타납니다. 옥신은 줄기 끝에서 만들어져 중력에 의해 뿌리 쪽으로 이동합니다. 그런데 옥신은 빛을 굉장히 싫어해서 항상 빛의 반대 방향으로 움직입니다. 그 결과 햇빛의 반대쪽만 키가 커지고 햇빛을 받는 쪽은 잘 자라지 않습니다. 빛을 받지 않는 쪽만 길어져서 햇빛 쪽으로 굽어지게 되지요.

가을

가을이 되면 모든 식물이 바빠집니다. 서둘러 다른 형태로 몸을 바꿔야 추운 겨울에 살아남을 수 있기 때문입니다. 가을 하면 제일 먼저 생각나는 식물의 형태는 단연 단풍이지요. 단풍이 생기는 이유는 무엇일까요?

식물 잎의 형태는 크게 두 가지로 나뉩니다. 잎이 넓적한 활엽수와 잎이 뾰족한 침엽수지요. 우리 주변에서는 침엽수보다 활엽수를 쉽게 볼 수 있습니다. 침엽수는 잎이 바늘처럼 뾰족합니다. 잎이 뾰족한 식물은 겨울이

가을이 되면 활엽수는 단풍이 든다. ⓒ chensiyuan@the Wikimedia Commons

침엽수는 물을 잘 빼앗기지 않고 찬바람에 닿는 면적도 좁아서 겨울에도 잘 견딘다.
ⓒ ohn Haslam@the Wikimedia Commons

활엽수는 잎이 넓어 수분을 잘 빼앗기고 찬바람에 닿는 면적도 넓다. ⓒ Masahiro Hayata @the Wikimedia Commons

되어도 잘 살아갈 수 있습니다. 식물의 잎은 체내에 있는 수분을 빼내는 증산작용을 합니다. 그런데 잎이 좁으면 물을 잘 빼앗기지 않습니다. 또 면적이 좁기 때문에 찬바람에 닿을 확률도 적어 추운 겨울에도 잘 견딜 수 있습니다. 그래서 침엽수는 가을에 단풍이 들지 않고, 겨울에 잎이 떨어지지 않아도 추위를 잘 견딜 수 있습니다. 소나무, 전나무, 잣나무가 대표적인 침엽수입니다. 단풍이 들지 않는 이러한 나무들은 사계절이 늘 푸른 나무라고 하여 상록수라고 부르기도 합니다.

침엽수와는 반대로 잎이 넓적한 활엽수는 잎이 넓어 수분을 많이 빼앗기고 찬바람에 닿는 면적도 넓기 때문에 잎이 있는 상태로 추운 겨울을 나기가 어렵습니다. 그래서 잎을 일부러 떨어뜨려 자신의 몸을 보호하지요.

그러면 단풍이 생기는 이유는 무엇일까요? 잎에는 여러 가지 색소가 있습니다. 푸른색을 띠는 엽록소도 있지만 붉은색, 주황색, 노란색을 띠는 안토시안, 카로티노이드, 크산토필이라는 색소도 있지요. 가을이 되면 봄과

엽록소가 줄어서 만들어진 단풍은 겨울을 나기 위해 떨어진다.
ⓒ Forest & Kim Starr@the Wikimedia Commons

여름에 열심히 활동을 한 엽록소는 너무 많은 일을 했기 때문에 지치게 됩니다. 그래서 가을이 되면 엽록소가 줄어들게 됩니다. 그러면 상대적으로 다른 색소들이 점점 진하게 색을 나타내기 시작합니다.

엽록소가 줄어들 때 색소는 온도 변화에 민감하게 반응합니다. 온도 변화가 심하면 색소의 활동이 더 활발해져서 낮과 밤의 기온차가 클수록 단풍의 빛깔이 더 곱게 되지요. 또 비가 조금만 와야 엽록소의 분해가 빨라져 더욱 아름다운 단풍을 볼 수 있습니다.

가을이 되면 날씨가 추워지고 햇빛의 양이 줄어들기 때문에 식물은 더 이상 광합성을 할 수 없습니다. 사람에 비유하면 먹을 밥이 없어진 상황이지요. 우리가 밥을 먹지 않으면 몸에 기운이 없어 괴롭듯이 식물도 광합성을 하지 못하면 기운이 없어 버티기가 어렵습니다. 그래서 기운을 잃고 잎이 점점 갈색으로 변합니다. 갈색으로 변한 잎은 곧 떨어지고 말지요. 잎이 떨어진 식물은 영영 죽게 될까요? 그렇지 않습니다. 매달려 있던 잎은 떨어져 없어지지만 식물은 이듬해 새로 싹을 틔워 대를 잇기 때문에 죽는다고 말할 수는 없습니다.

식물은 대를 잇기 위해 열매를 맺습니다. 사람이 열매를 먹고 열매 속에 있는 씨를 뿌려 번식하기도 하고, 열매가 그대로 땅으로 떨어져 썩으면서 자연스럽게 씨가 뿌리를 내리기도 합니다. 씨앗이 퍼져 나가는 방법은 사람의 도움을 받는 방법 외에도 여러 가지가 있습니다. 민들레와 버드나무처럼 바람에 날려 퍼지거나 도꼬마리와 쇠무릎처럼 동물에 붙어서 퍼지기도 합니다. 또 야자와 연처럼 물에 흘러서 퍼지는 씨앗도 있고, 봉선화와 제비꽃처럼 열매껍질이 터져 자기 스스로 흩어지는 씨도 있습니다.

민들레는 씨앗에 솜털이 달려 있고 가볍기 때문에 바람에 씨를 날려 번식합니다. 사람들은 번식을 위해 날아가는 민들레 씨를 보고 낙하산을 만들었습니다. 단풍나무의 씨에는 날개가 있습니다. 단풍나무 씨의 날개를 보고 사람들은 헬리콥터의 날개를 생각해 냈지요. 도꼬마리 씨는 동물의 몸에 붙어서 이동합니다. 도꼬마리 열매는 넓은 타원형으로 길이가 2㎜ 정도입니다. 겉에 갈고리 같은 가시가 촘촘하게 달려 있어서 다른 물체에 잘 붙지요. 한 개의 열매에 한 개의 씨가 들어 있습니다. 사람들은 도꼬마리 열매를 보고 벨크로를 개발했습니다. 벨크로는 끈이 없는 운동화나 가방을 붙일 때 쓰이는 천을 말합니다. 한쪽은 꺼끌꺼끌하게 만들고 다른 한쪽은

부드럽게 만들어 두 부분을 붙여 떨어지지 않게 합니다.

이런 씨앗도 신기하지만 더 신기한 씨는 콩과 밤의 씨앗입니다. 콩은 콩깍지 안에 씨가 들어 있습니다. 콩깍지는 콩이 익으면 잘 열리지만 콩이 익지 않으면 잘 열리지 않습니다. 그 이유는 씨앗이 완전히 크기 전에 동물에게 먹히지 않도록 보호하기 위해서입니다. 밤도 이

일상생활에 활용되는 벨크로.
ⓒ lovelihood@flickr.com

콩깍지는 동물로부터 씨앗을 보호하는 역할을 한다.
ⓒ Forest & Kim Starr@the Wikimedia Commons

밤송이는 씨를 보호하기 위해 익은 후에 벌어진다.
ⓒ Benjamin Gimmel@the Wikimedia Commons

와 비슷한 방법으로 씨앗을 지킵니다. 밤은 익으면 밤송이가 벌어지지만 익기 전에는 사람이 억지로 벌리려고 해도 잘 벌어지지 않습니다. 씨가 제대로 성숙하기 전에 동물의 공격을 막기 위해서이지요. 게다가 밤은 열매를 감싸는 밤송이 겉에 가시가 있기 때문에 동물이 쉽게 먹을 수 없습니다.

겨울

겨울이 되면 침엽수를 제외한 거의 모든 식물의 잎이 떨어집니다. 겨울은 온도가 낮고 햇빛의 양이 적기 때문에 잎이 광합성을 할 수 없습니다. 그래서 에너지가 없기 때문에 나무에 잎이 붙어 있지 못합니다. 만약 잎이 계속 붙어 있다면 스스로 양분을 만들지 못하고 나무에 있는 양분을 빼앗아 겨우 붙어 있는 셈이지요. 그래서 겨울에는 나무에 앙상한 가지만 남아 있게 됩니다.

겨울눈은 추운 겨울을 넘기고 봄에 싹으로 자란다. ⓒ jjron@the Wikimedia Commons

그런데 앙상한 나뭇가지를 자세히 살펴보면 가지 끝에 나와 있는 작은 봉오리를 볼 수 있습니다. 이 작은 봉우리가 바로 '겨울눈'입니다. 겨울눈이란 식물이 겨울을 나기 위해 준비하는 방법으로 봄이 되면 이곳에서 꽃이나 잎이 나옵니다. 겨울눈은 대부분 단단한 비늘잎으로 덮여 있고, 그 위에 솜털이나 끈끈한 액으로 둘러싸여 있기 때문에 추운 겨울을 견딜 수 있습니다.

겨울눈을 칼로 잘라서 보면 여러 개의 비늘잎으로 둘러싸여 있는 모습을 확인할 수 있습니다. 겨울눈은 나중에 꽃이 되는지, 잎이나 줄기가 되는지에 따라 다르게 부릅니다. 꽃이 될 겨울눈은 꽃눈, 잎이나 줄기가 될 겨울눈은 잎눈이라고 부르고 잎과 꽃이 같이 나오는 겨울눈은 섞임눈이라고 합니다.

겨울눈으로 겨울을 나는 식물도 있지만 겨울이 되면 우리 눈에서 아예 사라지는 식물도 있습니다. 그런 식물은 어디에 숨어 있을까요? 분꽃이나 나팔꽃 같은 식물은 광합성을 못하게 되면 말라 죽습니다. 줄기나 잎, 꽃 등은 모두 말라 죽지만 다음 해를 기약하며 씨앗이 생명을 지켜 주지요. 씨앗은 땅속에 들어가 추운 겨울이 지나면 싹을 틔우고 다시 한살이를 시작합니다.

씨앗으로 겨울을 나는 식물처럼 줄기나 잎은 모두 말라 죽지만 씨앗이 아닌 알뿌리로 겨울을 나는 식물도 있습니다. 수선화와 튤립은 알뿌리로 겨울을 납니다. 민들레나 질경이 같은 식물은 땅속으로 들어가지는 않지만 대신 추운 바람을 견디기 위해 잎을 땅바닥에 낮게 깔고 땅속으로 깊은 뿌리를 내리고 겨울을 보냅니다. 겨울눈이 지표면에 있다고 생각하면 됩니다.

감자는 봄에 캐서 우리 식탁에 올라옵니다. 그런데 이상하지 않나요? 감

자는 광합성을 한 양분이 저장되어서 만들어질 텐데 왜 가을이 아닌 봄에 수확할까요? 그 이유는 간단합니다. 감자는 줄기에 양분을 저장하면서 겨울을 나는 식물이기 때문이지요. 이런 줄기를 '땅속줄기'라고 합니다. 겨울이 되면 땅속에 있는 줄기에 양분을 저장해 나중에 그곳에서 싹이 나와 다시 하나의 식물로 커 가게 되지요. 이렇게 땅속줄기로 겨울을 나는 식물에는 감자 이외에 토란과 백합 등이 있습니다.

Q&A 꼭 알고 넘어가자!

문제 1 겨울에는 꽃이 피지 않다가, 봄이 오면 여기저기에서 꽃이 많이 피는 이유는 무엇일까요?

문제 2 겨울이 되면 소나무 같은 침엽수는 그대로 있는데 은행나무처럼 잎이 넓은 활엽수는 왜 잎이 떨어질까요?

3. 양분이 많이 있어야 키가 클 수 있기 때문입니다. 해바라기는 다른 식물에 비해 키가 커서 광합성을 많이 해야 합니다. 그래서 양분이 많이 필요한 성장 시기에만 해를 향해 고개를 돌리지요.

4. 식물은 여러 가지 방법으로 추위를 견딥니다. 겨울눈으로 겨울을 나거나 씨앗이나 알뿌리로 겨울을 납니다. 또 잎을 땅에 낮게 깔고 땅속으로 뿌리를 내린 채 겨울을 보내는 식물도 있고, 땅속줄기로 양분을 저장하며 겨울을 보내는 식물도 있습니다.

문제 3 해바라기는 어린 꽃만 해를 따라 고개를 움직입니다. 그 이유는 무엇일까요?

문제 4 우리는 겨울에 두껍게 옷을 입고 집 안에서 난방을 해서 추위를 견디는데 밖에서 사는 식물은 어떻게 추위를 견딜까요?

정답

1. 겨울에는 너무 춥고 건조해서 싹이 트기 어렵습니다. 겨울에 얼어 있던 땅은 봄이 되면 적당히 녹아 촉촉하게 물이 생겨 싹이 트기 좋은 환경으로 바뀝니다. 또 호르몬의 영향으로 온도가 너무 낮거나 너무 높아도 씨앗이 꿈틀거릴 수가 없어서 추운 겨울이 지나 봄이 되어야만 싹이 틉니다.

2. 식물의 잎은 몸속 수분을 빼내는 증산작용을 하는데 침엽수는 잎이 좁아 물을 잘 빼앗기지 않습니다. 또 면적이 좁기 때문에 찬바람에 닿을 확률도 적어 추운 겨울에도 잘 견딜 수 있지요. 반대로 활엽수는 잎이 넓어 수분을 많이 빼앗기고 찬바람에 많이 닿기 때문에 추운 겨울을 나기가 어렵습니다. 그래서 잎을 일부러 떨어뜨려 자신의 몸을 보호하지요.

관련 교과

초등 4학년 1학기 3. 식물의 한살이
초등 5학년 2학기 3. 열매

4. 식물의 일생

요즘은 의학 기술이 발달해서 사람의 수명이 상당히 길어졌습니다. 하지만 식물은 각자 정해진 시간을 살다가 갑니다. 요즘에는 비닐하우스도 많고 품종개량을 많이 해 식물의 습성이 조금씩 바뀌고는 있지만 일반적으로 식물은 각각의 습성에 따라 한 해나 두 해를 살다가 죽거나 여러 해를 거치며 살아갑니다.

한해살이식물

한해살이식물은 봄에 씨를 뿌리면 그해에 싹이 트고 꽃이 피어 열매를 맺는 식물입니다. 하지만 꼭 봄에 씨를 뿌려야 하는 것은 아닙니다. 가을에 씨를 뿌려 온실이나 실내에서 모종 상태로 겨울을 난 뒤, 이듬해 봄에 꽃을 피우고 열매를 맺어도 한해살이식물이라고 합니다. 한해살이식물이 자랄 때 가장 중요한 조건은 햇빛과 토양입니다. 한해살이식물은 모두 풀입니다. 한 해만 살고 죽기 때문에 온도나 환경 변화에 무척 민감하지요. 그래서 물의 양이 너무 많거나 빛의 양이 적으면 살아가기 어렵습니다.

한해살이식물은 종족을 번식하기 위해서 씨를 많이 만듭니다. 여름에 피는 봉선화 꽃을 본 적이 있나요? 봉선화는 대표적인 한해살이식물입니다. 봉선화의 꼬투리 안에는 많은 양의 씨가 들어 있습니다. 봉선화 꼬투리는 씨앗이 다 자라면 외부의 자극이 없어도 스스로 터집니다. 꼬투리에서 나오는 씨는 먼 곳으로 널리 퍼져 나가기에 좋게 굉장히 작습니다. 땅으로 떨어진 봉선화 씨는 겨울을 땅속에서 잘 버틴 후 다음 해 봄에 다시 싹이 되어 나옵니다.

봉선화 같은 한해살이식물을 더 많이 번식시키려면 씨를 잘 모았다가 여러 곳에 나누어 심으면 됩니

꼬투리

콩 같은 식물의 열매를 싸고 있는 껍질을 말합니다. 식물의 열매가 자란 후에 건조해지면 꼬투리가 두 줄로 갈라지면서 밖으로 씨가 나옵니다.

다. 씨를 모아 둘 때는 보관하는 방법이 중요합니다. 씨는 수분이 있어야 싹이 트지만, 수분이 너무 많으면 썩을 수도 있습니다. 그래서 씨를 보관할 때는 말려서 공기가 통하지 않는 서늘한 곳에 보관해야 합니다.

봉선화는 꼬투리를 터뜨려 씨앗을 퍼뜨린다.

한해살이식물 중에 봄에 씨를 뿌리는 식물로는 맨드라미, 해바라기, 코스모스, 백일홍, 채송화, 봉선화 등이 있습니다. 가을에 씨를 뿌리는 한해살이식물로는 금잔화, 양귀비 등이 있습니다.

봄에 씨를 뿌려 그해를 넘기고 다음 해에 꽃을 피우고 열매를 맺은 후에

꽃다지는 두해살이식물로 4~6월에 꽃이 핀다.
ⓒ Dalgial@the Wikimedia Commons

죽는 식물을 두해살이식물이라고 합니다. 하지만 이 구분은 우리나라를 중심으로 만든 방법이기 때문에 다른 지역에서는 한해살이가 되기도 합니다. 대표적인 두해살이식물로는 꽃다지, 개망초, 광대나물 등이 있습니다.

조금 생소한 이름의 식물이 많지요? 꽃다지는 우리나라의 전국에 퍼져 있는 꽃입니다. 이 꽃은 귀하게 여겨져서 관상용으로 보는 꽃이 아닙니다. 따뜻하고 햇볕이 잘 드는 곳에서 흔히 볼 수 있지요. 봄에 피는 꽃이기 때문에 겨울을 나고 밭갈이를 하지 않은 시골 밭이나 길가에서 주로 볼 수 있습니다. 봄이 되면 냉이나 달래 같은 봄나물이 산과 들에 많이 돋습니다. 꽃다지는 냉이와 달래가 있는

두해살이식물인 개망초와 광대나물.

곳에 노란색을 띠며 같이 핍니다.

개망초라는 식물은 순수한 우리나라 식물이 아닙니다. 북아메리카가 원산지인 귀화식물입니다. 개망초와 생김새가 비슷한 망초라는 꽃도 있습니다. 오래전 일본이 우리나라를 침략했을 때 들어온 꽃입니다. '나라가 망할 때 피었던 꽃'이라고 해서 한자의 '亡(망할 망)' 자를 붙여서 '망초(亡草)'라고 이름을 붙였지요. 망초에 대한 다른 유래도 있습니다. 번식력이 좋아 농부들의 골칫거리가 되자 농약을 뿌려 죽이려고 했지만 잘 죽지 않아서 '이 망할 놈의 풀'이라 한탄을 하며 이름을 붙였다는 유래입니다. 개망초는 30～100㎝ 정도로 자라고 풀 전체에 털이 많이 나 있습니다. 6～9월에 꽃이 핍니다.

귀화식물

돼지풀은 우리나라의 대표적인 귀화식물이다.
ⓒ Dalgial@the Wikimedia Commons

귀화식물은 원래 그 지역에서 자라지 않았지만 다양한 원인으로 다른 지역에서 건너온 식물을 말합니다. 여러 세대를 거치면서 안정된 단계로 자연스럽게 서식하게 된 식물이지요.

귀화식물은 자연 귀화식물과 인위 귀화식물로 구분됩니다. 자연 귀화식물은 알지 못하는 사이에 들어온 식물을 말하며 대부분 들어온 시기가 명확하지 않습니다. 우리나라에 들어온 자연 귀화식물로는 돼지풀, 도깨비바늘, 개망초, 실망초, 망초 등이 있습니다. 인위 귀화식물은 목초, 사료, 약용, 식용, 관상용 등의 여러 목적으로 수입되어 재배된 식물입니다. 토끼풀과 자운영은 목초나 사료 목적으로 들여왔고, 돼지감자와 물냉이는 식용 목적으로 들여왔습니다. 데이지, 큰달맞이꽃, 분꽃 등은 꽃이 아름다워서 관상용으로 수입되었어요.

여러해살이식물

끈끈이주걱은 여러해살이식물이다.
ⓒ Orchi@the Wikimedia Commons

만 1년보다 긴 기간 동안 살아가는 식물을 여러해살이식물이라고 합니다. 여러해살이식물은 꽃이 피고 열매를 맺고 겨울을 지나는 한살이 과정을 반복합니다. 여러해살이식물은 풀과 나무가 모두 있습니다. 나무는 모두 여러해살이식물입니다. 그래서 여러해살이식물이라는 말은 주로 풀에 쓰입니다. 여러해살이식물은 대체로 알뿌리로 겨울을 납니다. 잎과 줄기는 시들어도 알뿌리가 살아 있어서 이듬해 싹을 틔울 수 있어요. 나무는 싹이 터서 열매를 맺기까지 대개 3~5년이 걸리고, 겨울에도 줄기가 살아 있습니다. 여러해살이식물로는 끈끈이주걱, 제비꽃, 수선화, 국화 등이 있고, 여러해살이 나무로는 감나무, 목련, 철쭉, 장미 등이 있습니다.

제비꽃은 이른 봄 우리나라 길가나 들판에 낮게 피어 있는 여러해살이식물입니다. 제비꽃이 필 무렵에 오랑캐가 쳐들어 왔다고 해서 '오랑캐꽃'이라고 부르기도 했습니다. 주로 3~5월경에 줄기 끝에 한 송이씩 꽃이 피며, 짙은 자주색을 띱니다. 열매는 6월경에 생깁니다. 열매 안에 들어 있는

제비꽃은 여러해살이식물이다.
ⓒ Juni@the Wikimedia Commons

겨울에 꽃이 피는 여러해살이식물, 수선화.
ⓒ KENPEI@the Wikimedia Commons

씨앗이 성숙하면 열매의 색이 진한 녹색에서 점점 노란색으로 변합니다. 그리고 씨가 완전히 익으면 열매가 세 갈래로 벌어집니다. 그 안에 씨앗이 여러 개 들어 있지요.

꽃은 대부분 봄에 피어 가을에 지고 겨울을 보낸 후 다시 봄에 핍니다. 하지만 추운 겨울에도 꽃이 피는 식물이 있습니다. 이런 꽃은 대부분 따뜻한 지역을 고향으로 둔 식물이지요. 우리나라에서는 비교적 따뜻한 제주도나 남해안에서 겨울에 피는 꽃을 볼 수 있습니다. 그 대표적인 예가 수선화입니다.

수선화는 지중해 연안이 원산지이고 제주도에서 야생으로 자랍니다. 관상용으로 재배되기도 하지요. 잎은 두껍고 길쭉하며, 잎의 길이는 20~40㎝이고 폭은 1~1.5㎝입니다. 꽃은 12~3월에 피며 꽃대가 깁니다. 꽃대 끝에 5~6개의 꽃이 옆을 향해 달리지요.

TIP 요건 몰랐지?

그리스 신화 속 수선화

수선화는 그리스 신화에도 나옵니다. 워낙 향기가 좋고 아름다워서 서양에서 오래전부터 사랑받아 온 꽃이기 때문이지요. 신화 속 이야기는 다음과 같습니다.

그리스 신화 속의 요정 에코는 나르키소스라는 아름다운 소년을 사랑했습니다. 하지만 나르키소스는 에코의 사랑을 받아 주지 않았습니다. 사랑을 거절당한 요정 에코는 나르키소스에게 호수에 비친 자신의 얼굴을 사랑하도록 마법을 걸었지요. 나르키소스는 매일 호수에 비친 자기 얼굴을 보면서 호수 속 얼굴을 그리워하다가 끝내 호수 안으로 뛰어들어 죽고 말았습니다. 그 후 호수 옆에서 아름다운 나르키소스를 닮은 꽃이 피었습니다. 이 꽃이 바로 수선화입니다.

Q&A 꼭 알고 넘어가자!

문제 1 봄에 씨를 뿌려 그해에 열매를 맺는 한해살이식물의 특징은 무엇인가요?

문제 2 봄에 씨를 뿌려 그해를 넘기고 이듬해에 꽃을 피워 열매를 맺은 후 죽는 두해살이식물에는 무엇이 있나요?

3. 여러해살이풀은 대체로 알뿌리로 겨울을 납니다. 잎과 줄기는 시들어도 알뿌리가 살아 있어서 이듬해 싹을 틔울 수 있지요. 여러해살이 나무는 싹이 터서 열매를 맺기까지 대개 3~5년이 걸리고, 겨울에도 줄기가 살아 있습니다.

문제 3 여러해살이식물은 어떻게 겨울을 보내나요?

정답

1. 한해살이식물은 한 해만 살고 죽기 때문에 온도나 환경 변화에 무척 민감합니다. 그래서 물의 양이 너무 많거나 빛의 양이 적으면 살아가기 어렵지요. 한해살이식물은 종족 번식을 위해서 씨를 많이 만듭니다. 또 씨는 먼 곳으로 잘 퍼져 나가기 위해 굉장히 작습니다.

2. 대표적인 두해살이식물로는 꽃다지, 개망초, 광대나물 등이 있습니다. 꽃다지는 우리나라의 전국에 퍼져 있는 꽃입니다. 이 꽃은 겨울을 나고 밭갈이를 하지 않은 시골 밭이나 길가에서 주로 볼 수 있습니다. 개망초는 북아메리카가 원산지인 귀화식물입니다.

관련 교과

초등 5학년 1학기 3. 식물의 구조와 기능
초등 5학년 2학기 1. 환경과 생물, 3. 열매
초등 6학년 1학기 4. 생태계와 환경
초등 6학년 2학기 3. 쾌적한 환경

5. 식물의 이용

식물은 우리에게 많은 이로움을 줍니다. 식물은 음식이 되기도 하고, 공기를 정화하기도 합니다. 또 연료로 사용되기도 하지요. 종이 또한 식물이 우리에게 준 선물입니다. 하지만 우리는 식물에게 무엇을 해 주고 있나요? 도움은커녕 해를 입히고 괴롭히고 있지는 않나요?

먹을 수 있는 식물

정착 생활

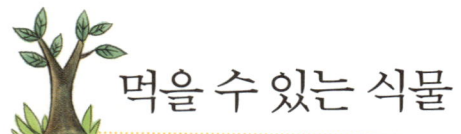

한곳에 집을 지어 놓고 그곳에서만 사는 생활을 말합니다. 인류는 식량을 채집해 살던 단계에서 발전해 식량을 생산할 수 있게 되면서 정착 생활을 시작했습니다. 이 시기를 신석기시대라고 합니다.

우리나라 사람들은 다양한 식물을 많이 먹습니다. 먹는 식물의 종류로는 곡식, 채소, 과일 등이 있습니다. 몇 천 년 전부터 사람들은 식물을 먹기 위해 씨를 심었습니다. 처음에는 한곳에 정착하지 못하고 돌아다니면서 살았기 때문에 식물을 심고 수확하는 일이 쉽지 않았지만, 정착 생활이 시작되면

서 식량이 될 만한 식물을 심고 가꾸기 시작했지요.

사람들은 식물을 수확하면 이듬해에 심을 씨를 제외하고 나누어 먹었습니다. 수확한 씨앗 중 가장 좋은 씨앗을 골라 남겨 두었지요. 게다가 사람들은 튼튼하고 좋은 농작물을 개량하기 시작했습니다. 그래서 해가 거듭될수록 식물은 조금씩 더 우수한 농작물이 되었습니다.

세계에 농사짓는 곳이 늘어나면서 그 지역의 기후와 토질에 맞는 농작물을 재배하기 시작했고, 먼 나라를 오가면서 신기한 종류의 농작물이 있으면 씨앗을 가져와 재배하기 시작했습니다. 그래서 지금과 같은 다양한 농작물이 생겼지요. 현재 우리가 먹는 농작물 중에는 세계 여러 지역에서 가져온 식물이 많이 있습니다.

우리 식탁에 올라오는 여러 가지 식물을 살펴볼까요?

곡물

우리가 매일 먹는 쌀 같은 곡물은 농작물의 열매입니다. 세계 3대 곡물은 밀, 쌀, 옥수수입니다. 동양은 쌀을 주식으로 해서 살아가지만 서양은 대개 밀과 옥수수가 주식입니다.

약 9,000년 전부터 중요한 농작물 이었던 밀.
▲ ⓒ zandland@the Wikimedia Commons
▼ ⓒ Afonin@the Wikimedia Commons

밀은 약 9,000년 전부터 매우 중요한 농작물이었습니다. 지금은 사막이 되었지만 밀 농

사가 시작된 곳은 이라크와 이스라엘 등지였습니다. 오래전에 그곳은 매우 좋은 경작지이었습니다. 초기의 밀은 줄기가 가늘어서 비바람이 부는 날에는 쉽게 부러졌습니다. 또 낟알이 작아서 많이 심어도 수확량이 매우 적었지요. 요즘은 생명공학의 발달로 여러 교배 방법을 통해 생산량이 무척 많이 늘었습니다. 밀이 높이 자랄 때는 밀이 구부러져 수확하는 데 어려움이 있었습니다. 밀의 키를 작게 만들어 이 문제를 해결했지요. 밀을 대규모로 재배하는 나라에는 아주 중요한 발전이었습니다.

벼농사는 지금부터 약 1만 년 전에 아시아 대륙의 남부 및 남동부의 인도와 인도차이나반도에서 시작되어 다른 지역으로 전파되었습니다. 세계에서 벼농사를 가장 많이 짓고 있는 나라는 중국이며, 그다음이 인도입니다. 벼는 세계에서 90% 이상이 아시아에서 재배되고 있습니다. 우리나라는 삼국 시대에 이미 쌀을 식량으로 이용했을 정도로 벼농사 역사가 오래되었습니다. 우리나라에서 벼는 지금도 주된 식량으로 다른 농작물에 비해 넓은 면적에서 재배되고 있습니다.

아시아에서 90% 이상 재배되고 있는 벼.
▲ⓒ Green@the Wikimedia Commons
▼ⓒ IRRI@the Wikimedia Commons

옥수수는 벼, 밀과 함께 세계 3대 곡물 중 하나입니다. 중앙아메리카에서 처음 재배하기 시작한 옥수수는 크기가 굉장히 작았지만 선택교배를 해서 크기가 점점 커져 지금의 모양처럼 되었습니다.

과일

우리가 먹는 식물 중 또 다른 한 가지는 과일입니다. 과일은 사람이 먹을 수 있는 나무의 열매이지요. 과일도 열매이기 때문에 과일 속에는 식물의 씨앗이 들어 있습니다. 과일은 달콤하고 맛있어 여러 동물의 먹이가 됩니다. 동물이 과일을 먹고 배설함으로써 과일나무는 씨를 퍼트릴 수 있어요. 동물이나 사람이 먹은 과일의 씨는 땅에 묻혀 다시 새로운 과일나무로 자라게 됩니다.

그런데 과일이 처음부터 모두 우리 입맛에 맞지는 않았습니다. 사과가 대표적인 예입니다. 야생에서 자라는 사과는 작고 쓴맛이 많이 나서 사람의 입맛에는 잘 맞지 않습니다. 하지만 동물에게는 좋은 먹이가 되어, 사과

우리가 먹는 사과는 사람의 입맛에 잘 맞지만, 야생 사과는 사람의 입맛에 잘 맞지 않는다.
ⓒ MikeyMoose@the Wikimedia Commons

품종개량

개량은 나쁜 점을 보완해 더 좋게 고치는 것을 말합니다. 품종은 같은 종류의 생물을 특성에 따라 세세하게 나누어 놓은 집단을 뜻하지요. 품종 간의 차이는 큰 경우도 있고 작은 경우도 있습니다. 품종개량은 농작물이나 사육하고 있는 가축의 유전적 특성을 개량해 실용 가치가 높은 품종을 만들고, 이를 늘려서 보급하는 농업 기술을 뜻합니다.

나무의 번식에는 문제가 없습니다.

그러면 지금 우리가 먹는 달콤한 사과는 어떻게 만들어졌을까요? 우리가 먹는 사과는 사람의 입맛에 맞게 품종이 개량되어 지금의 모습이 되었습니다. 지금까지 개량된 품종은 천 가지가 넘습니다.

사과 이외에 우리가 먹는 과일로는 포도, 오렌지, 감, 배, 파인애플, 자두 등이 있습니다. 종류가 매우 다양하지요.

견과

여러분은 호두나 밤을 좋아하나요? 호두와 밤은 우리가 먹는 열매 중에 하나입니다. 호두나 밤처럼 딱딱한 껍데기 안에 씨가 들어 있는 열매를 견과라고 부릅니다. 견과류도 과일에 속합니다. 우리가 먹는 부분이 바로 씨앗입니다. 견과류 중 일부는 단풍나무처럼 날개가 있어 씨가 바람에 날려 운반되거나 물에 떠다니며 퍼져 나가기도 합니다. 우리나라 사람들은 견과류 중에서 땅콩, 호두, 잣 등을 주로 먹지만 서양 사람들은 개암이나 피칸을 즐겨 먹습니다. 개암은 맛과 향이 좋아서 커피, 초콜릿, 과자 등에 들어가기도 하고 기름으로 만들어져 요리에 넣기도 합니다.

피칸

피칸은 미국인들이 좋아하는 열매 중 하나입니다. 맛은 호두와 비슷합니다. 피칸 나무는 북아메리카가 원산지이고 5월에 꽃이 핍니다.

개암

개암나무의 열매로 우리나라에서는 '개암'이라 불리고 서양에서는 '헤이즐넛'이라고 불립니다. 고소한 맛이 있어 생으로 먹거나 강장제로 사용합니다.

커피에 향을 첨가하는 데에도 쓰이는 개암.
ⓒ Fir0002@the Wikimedia Commons

호두와 비슷한 생김새와 맛을 지닌 피칸.

열매채소

여름에 즐겨 먹는 수박은 과일일까요? 과일 가게에서 파니까 과일이라고 생각하기 쉽습니다. 하지만 수박은 채소입니다. 수박뿐만 아니라 딸기, 참외, 토마토도 과일이 아니라 채소이지요. 딸기와 수박에는 당분이 많이 들어 있는데 왜 과일이 아니라 채소일까요? 과일은 나무의 열매입니다. 나무는 나이테를 가진 여러해살이식물이에요. 채소는 나이테가 없는 풀에서 나는 열매입니다. 수박은 나무가 아니라 땅에서 자라는 풀의 열매이어서 채소로 분류합니다. 참외, 토마토, 수박처럼 열매를 먹는 채소를 열매채소라고 합니다.

공기를 맑게 하는 식물

요즘은 환경오염과 생태계 파괴가 심각해져 풀과 나무에 대한 관심이 매우 높아졌습니다. 나무로 이루어진 숲은 지구 온난화 현상을 일으키는 이산화탄소를 흡수하고, 산소를 만들어 맑은 공기를 제공하기 때문이지요. 그래서 우리는 숲을 '지구의 허파' 또는 '공기 정화기'라고 부릅니다. 그중에서도 특히 '세계의 허파'라고 하면 지구에서 발생하는 산소의 4분의 1을

세계 산소의 4분의 1을 만들어 '세계의 허파'라고 불리는 아마존 밀림.
ⓒ David Evers@the Wikimedia Commons

만드는 아마존 밀림을 일컫습니다. 그런데 아마존 밀림도 무분별한 벌목으로 나무의 수가 점점 줄어들고 있습니다. 벌목으로 숲이 사라지면 우리는 어떻게 숨을 쉬며 살 수 있을까요?

숲은 1만 ㎡당 44명이 1년간 숨을 쉬는 데 충분한 12t의 산소를 만듭니다. 그런 숲이 사라진다면 사람들은 점점 탁한 공기 속에서 살아갈 수밖에 없겠지요. 1만 ㎡라는 크기가 얼마만큼인지 감이 잘 안 잡히면 이해하기 쉽게 나무 한 그루의 역할을 알아볼까요?

나무 한 그루는 공기 1l당 7,000개의 먼지 입자를 감소시킵니다. 1l는 큰 음료수 병으로 한 병 정도의 크기입니다. 그 정도의 공간에 7,000개의 먼지 입자를 감소시킨다니, 우리가 사는 집 넓이로 계산한다면 정말 대단한 양이지요? 또 큰 나무 한 그루는 매일 약 350l의 물을 지하에서 끌어올려 공중에 뿌려 줍니다. 그래서 건조한 겨울에 집 안에서 화초를 많이 키우면 감기나 호흡기 질환에 잘 걸리지 않지요.

겨울철 집 안에서 화초를 키우면 호흡기 질환을 예방할 수 있다.
ⓒ pauk@the Wikimedia Commons

나무가 하는 이러한 역할을 돈으로 환산하면 나무 한 그루는 50년간 자라면서 3,400만 원 상당의 산소와 3,900만 원 정도의 물을 생산하며, 6,700만 원 가치의 공기를 정화시킨다는 결과가 나옵니다. 이렇게 나무는 우리가 맑은 공기에서 숨쉴 수 있게 해 주는 아주 고마운 친구입니다.

집 안에서 공기를 깨끗하게 해 주는

식물이 있습니다. 바로 산세비에리아와 벤저민고무나무 같은 식물입니다. 우리나라에서 관상용 식물로 인기가 높아 흔하게 볼 수 있지요.

산세비에리아는 여러해살이풀로 뿌리가 짧고 두껍습니다. 잎이 좁고 길며, 다른 식물에 비해 면적이 넓어 증산작용을 활발하게 합니다. 그래서 공기 중에 수증기를 많이 공급하지요. 이때 수증기가 공기 중으로 뿜어지면서 물 분자가 쪼개져 음이온이 발생합니다. 발생된 음이온은 양이

산세비에리아는 넓은 잎으로 증산작용을 활발하게 일으켜 공기를 깨끗하게 한다.

새집 증후군

새로 지은 건물 안에 사는 사람들이 느끼는 건강 문제와 불쾌감을 말합니다. 집이나 건물을 새로 지을 때 사용하는 건축 자재와 벽지 등에서는 사람에게 좋지 않은 오염 물질이 나옵니다.

온인 먼지를 둘러싸 먼지의 기능을 하지 못하도록 합니다. 산세비에리아는 공기 중의 먼지를 흡수하는 능력이 뛰어납니다.

식물이 먼지나 나쁜 화학 물질을 흡수하면 나쁜 물질들은 뿌리까지 내려가 뿌리에 살고 있는 미생물에 의해 분해됩니다. 요즘은 새집으로 이사 하고 새집 증후군 때문에 아토피나 두통을 호소하는 사람들이 많이 있습니다. 이런 집에서 산세비에리아를 키우면 많은 도움을 받을 수 있지요.

우리나라는 도로변에 나무를 많이 심습니다. 이런 나무를 가로수라고 합니다. 그런데 만약 가로수가 없다면 어떻게 될까요? 아마 자동차 배기가스가 정화되지 않아서 숨쉬기가 더 어려워질 거예요. 가로수는 우리 눈에 보기 좋으라고 심는 경우도 있지만, 공기 정화를 위해서도 심습니다. 이렇게 공기 정화를 위해 거리에 서 있는 나무로는 은행나무, 벚나무, 버즘나무 등이 있습니다.

가로수는 도시의 공기를 정화시킨다.
ⓒ Hong Yun Seon(egg@flickr.com)

TIP 요건 몰랐지?

벚나무의 고향

봄이 되면 우리는 벚꽃을 즐기기 위해 근처 공원을 찾거나, 벚꽃으로 유명한 지역으로 여행을 갑니다. 벚꽃은 우리에게 일본 국화로 알려져 있습니다. 그래서 사람들 대부분은 벚꽃의 고향을 일본이라 생각합니다. 또 일본인들도 일본이 벚꽃의 고향이라고 주장하고 있습니다. 하지만 1908년 프랑스 신부가 제주 관음사 주변에서 발견한 왕벚나무를 독일의 괴네 교수에게 보내서 제주도가 왕벚나무의 자생지라는 사실이 확인되었습니다. 자생지는 식물이 저절로 나서 자라는 땅을 말합니다. 벚꽃의 고향이 우리나라 제주도라는 뜻이지요. 이 사건 이후 벚나무의 족보에 대한 논쟁이 일어났습니다. 그런데 일본에서는 벚나무 자생지가 한 곳도 발견되지 않았습니다. 그 이후 우리나라는 왕벚나무 자생지를 천연기념물로 지정하여 보호하고 있습니다.

제주도가 고향인 벚나무. ⓒ KENPEI@the Wikimedia Commons

자원으로 이용하는 식물

오래된 사찰이나 고궁에 가면 요즘 우리가 살고 있는 집과는 다르게 나무로 지어진 집을 볼 수 있습니다. 요즘은 철근과 시멘트로 집을 짓지만 이런 재료로 집을 짓다 보니 예전에는 없었던 희귀한 병들도 많이 생겨났지요. 그래서 근래에는 친환경 소재를 많이 개발하고 있습니다. 많은 집을 모두 나무로 지을 수는 없지만, 인테리어 소재로 나무를 많이 이용합니다.

건축재로 쓰이는 나무는 줄기가 곧아야 합니다. 그리고 습기에 민감해

676년에 나무로 지어진 경북 영주시 부석사. ⓒ ko:Excretion@the Wikimedia Commons

지붕 재료로 사용되는 굴참나무. ⓒ Jean-Pol GRANDMONT@the Wikimedia Commons

우리나라에서 건축 자재로 많이 사용되는 소나무. ⓒ yeowatzup@the Wikimedia Commons

장마철인 여름에 나무가 썩는다면 곤란해지므로 튼튼하고 잘 썩지 않아야 하지요. 또 너무 구하기 어려운 귀한 나무는 건축 자재로 쓸 수 없으니 구하기도 쉬워야 합니다. 우리나라에서는 이런 조건을 두루 갖춘 느티나무, 소나무, 굴참나무가 건축 자재로 많이 쓰이고 있습니다.

예로부터 우리나라에서 건축 자재로 가장 많이 사용된 나무는 소나무입니다. 소나무가 우리나라 삼림의 가장 많은 부분을 차지하고 있기 때문입니다. 그런데 모든 소나무가 건축 자재로 쓰지는 않았습니다. 줄기가 가장 반듯하고 튼튼한 금강소나무가 건축 자재로 많이 쓰였지요.

그다음으로 많이 쓰였던 나무는 굴참나무입니다. 굴참나무는 참나무의 한 종류로 생명력이 강해 물이 부족한 곳에서도 잘 자랍니다. 강원도 지방에서는 굴참나무의 껍질을 벗긴 후, 엮어서 지붕으로 사용하기도 했습니다. 이런 집은 굴참나무의 껍질로 만든 집이라는 의미에서 '굴피집'이라고도 불렸습니다. 굴피집은 비가 많이 오는 곳에서 유용하게 쓰였습니다. 굴참나무껍질은 비가 오거나 습할 때 껍질의 부피가 늘어나 비와 습기를 잘

굴참나무 껍질을 지붕으로 사용하는 굴피집.
ⓒ Junho Jung@the Wikimedia Commons

막아 주었기 때문입니다. 또 매우 튼튼했기 때문에 한 번 만들면 20년 정도는 끄떡없이 사용했습니다.

그 밖에도 나무는 종이를 만들거나 가구를 만들 때도 사용됩니다. 요즘에는 종이를 만들 때 화학약품 처리를 하지만 옛날에는 순수하게 나무만 이용해 종이를 만들었습니다. 종이의 원료가 되는 나무는 여러 가지가 있지만 그중 가장 좋은 나무는 닥나무입니다. 닥나무 껍질은 질기고 섬유질이 많아서 질 좋은 종이를 만들 수 있지요. 닥종이의 '닥'도 질긴 껍질을 가지고 있다고 해서 붙여진 이름입니다.

닥나무는 키가 2~5m 정도 되는 나무로 꽃은 5월쯤에 피고 열매는 6~7월에 열립니다. 닥나무의 열매는 '구수자'라고도 부릅니다. 구수자는 한약재로 사용하기도 합니다. 또 닥나무 어린잎은 무쳐 먹기도 합니다.

우리 주위에 쓰이는 여러 나무를 말하면서 향나무를 빼놓을 수는 없습니다. 향나무는 색이 아름답고 특이한 향이 있어서 고급 가구를 만드는 데 많이 쓰입니다. 또 매우 귀중한 목재로 여겨져 조각의 재료로도 쓰이고, 약재로 쓰이기도 합니다. 제사를 지낼 때 피우는 향을 만들기도 하며, 정원의 관상용으로도 쓰이지요.

향나무는 전국에서 발견되기는 하지만 향나무끼리 모여 사는 곳은 거의 없어서 향나무가 군락을 이룬 곳은 천연기념물로 지정해 관리하고 있습니다. 동강에 댐을 짓기로 했다가 2000년도에 취소된 이유도 향나무 군락이 발견되었기 때문입니다.

군락

같은 환경 조건에서 떼를 지어 자라는 식물 집단을 말합니다. 식물에 의해서 형성된 생물 공동체로 식물 공동체라고도 하지요.

옛날에는 어떤 나무인지도 잘 모르는 채로 땔감으로 쓰기도 하고 집을 짓기도 했지만, 요즘에는 그렇게 하면 안 됩니다. 환경이 오염되고 생태계가 파괴되면서 식물 중에서 멸종하는 종류가 많아졌기 때문입니다. 식물이 앞으로도 계속 여러 자원으로 활용되어 우리 삶을 편리하게 도와준다면 좋겠지요? 그러려면 우리에게 아낌없이 주는 나무를 이용만 하는 것이 아니라 보호하고 가꾸고 사랑해 주어야 합니다. 그래야만 식물은 우리 곁에서 오랫동안 든든한 버팀목으로 살아갈 수 있습니다.

Q&A 꼭 알고 넘어가자!

문제 1 9,000년 전의 사람이 먹던 밀은 지금 우리가 먹는 밀과 같은 모습이었을까요?

문제 2 여름이면 우리가 맛있게 먹는 수박은 과일일까요? 아니면 채소일까요?

3. 숲은 지구 온난화 현상을 일으키는 이산화탄소를 흡수하고, 산소를 만들어 맑은 공기를 제공합니다. 아마존 밀림은 지구에서 발생하는 산소의 4분의 1을 만들기 때문에 '세계의 허파'라는 별명을 얻었습니다.

4. 느티나무, 소나무, 굴참나무가 건축 자재로 쓰기에 좋은 조건을 두루 갖추고 있기 때문입니다. 건축재로 쓰이려면 우선 나무 줄기가 곧아야 합니다. 그리고 장마철인 여름에 나무가 썩으면 안 되므로 습기에 민감하지 않고 튼튼해야 하지요. 또 구하기도 쉬워야 되는데 위의 세 나무는 이러한 조건을 모두 갖추고 있습니다.

문제 3 아마존 밀림을 '세계의 허파'라고 부르는 이유는 무엇일까요?

문제 4 예전부터 우리나라에서 느티나무, 소나무, 굴참나무가 건축 자재로 많이 사용된 이유는 무엇인가요?

정답

1. 초기의 밀은 지금의 밀과 매우 다른 모습이었습니다. 초기 밀은 줄기가 가늘어서 비바람이 부는 날에는 쉽게 부러졌습니다. 또 낟알이 작아 많이 심어도 수확량이 너무 적었지요. 요즘은 생명공학의 발달로 여러 교배 방법을 통해 생산량이 무척 많이 늘었습니다. 밀의 길이도 초기에는 너무 길어서 쉽게 구부러졌기 때문에 수확하는 데 어려움이 있었지만, 오늘날은 밀의 키를 작게 만들어 이 문제도 해결했습니다.

2. 수박은 과일이 아니라 채소입니다. 수박뿐만 아니라 딸기, 참외, 토마토 또한 채소이지요. 딸기와 수박 모두 당분이 많이 들어 있지만 과일이 아닌 이유는 땅에서 자라기 때문입니다. 채소는 땅에서 키가 작은 식물체에 매달려 있는 열매이고, 과일은 나무에서 꽃이 핀 후 그 자리에서 생기는 열매입니다.